无人机大揭秘

司朝润 武伟超 周旭 编著

清华大学出版社

北京

内 容 简 介

无人驾驶飞机简称"无人机",英文缩写为UAV,是利用无线电遥控设备和自备的程序控制装置操纵的不载人飞机。随着无人机技术的成熟,各种民用、娱乐无人机也走进人们的生活。可以说,无人机制造是当今中国乃至世界发展最快的产业之一。

不过,无人机到底是什么?它与航模有什么区别?无人机的结构是怎样的?无人机怎么操作?等等,一些具体的现实问题都成为人们的疑问。因此,本书编者经过长期实地调研,深入无人机研发者与爱好者的群体之中,并且结合近些年无人机的研究成果和目前热门无人机在市场上的表现,汇编出了这本揭示无人机奥秘的书。本书先介绍了无人机的发展历史,随后分析了无人机的基本构造,然后通过阐述无人机的运行原理以及实例列举无人机的应用,全方位介绍了无人机,最后对无人机未来的发展进行了探讨。

本书适合作为广大无人机发烧友和飞行器模型爱好者的入门读物。

图书在版编目(CIP)数据

无人机大揭秘 / 司朝润,武伟超,周旭编著 . – 北京:清华大学出版社,2019(2020.12 重印)
ISBN 978-7-302-47422-7

Ⅰ . ①无… Ⅱ .①司… ②武…③周… Ⅲ .①无人驾驶飞机-基本知识 Ⅳ .① V279

中国版本图书馆 CIP 数据核字 (2017) 第 169352 号

责任编辑: 陈绿春
封面设计: 潘国文
责任校对: 徐俊伟
责任印制: 吴佳雯

出版发行: 清华大学出版社
      网   址:http://www.tup.com.cn,http://www.wqbook.com
      地   址:北京清华大学学研大厦A座   邮   编:100084
      社 总 机:010-62770175   邮   购:010-83470235
      投稿与读者服务:010-62776969,c-service@tup.tsinghua.edu.cn
      质 量 反 馈:010-62772015,zhiliang@tup.tsinghua.edu.cn
印 装 者: 三河市龙大印装有限公司
经   销: 全国新华书店
开   本: 170mm×240mm   **印   张:** 17.5   **字   数:** 289 千字
版   次: 2019年6月第1版   **印   次:** 2020年12月第2次印刷
定   价: 49.00 元

产品编号:071921-01

前言

　　无人机（UAV）经过 20 世纪漫长的发展过程，伴随着电子产业、材料科学、控制、通信技术以及 21 世纪初的反恐战争和数次局部冲突，终于进入高速成长期。2014 年，中国无人机销量约 2 万架，销售规模已经达到 40 亿元，预计到 2020 年中国无人机年销量将达到 29 万架。未来几年将保持 50% 以上的增长。预计到 2025 年，国内无人机航拍市场规模将达 750 亿元。

1. 本书内容介绍

　　本书共分为 6 章，具体内容如下：

　　第 1 章为"无人机的前世今生"，主要介绍了无人机产生、发展的历史。着重介绍无人机从无到有，无人机的原型以及在战争中的应用。

　　第 2 章为"无人机的构造系统"，主要介绍无人机的飞控系统、飞行平台、推进系统、任务设备以及地面设备。深入剖析了无人机的结构，给读者以直观的印象。

　　第 3 章为"无人机是怎么飞起来的"，包括飞行的理论知识、不同类型无人机的起飞、降落原理以及气候因素对无人机飞行的影响。让读者对无人机不仅知其然，还知其所以然。

　　第 4 章为"无人机的优势"，主要介绍了无人机相对于有人驾驶飞机的优势。

　　第 5 章为"民间无人机的应用"，主要讲解了无人机在民用领域的用途，包括媒体应用、农业植保应用、科学勘探以及最新流行的无人机 +VR，全方位介绍了无人机可以怎么玩、怎么用。

第 6 章为"无人机将飞往何处"，重点探讨了无人机对我们目前生活的影响，以及未来无人机的发展方向。

2. 本书主要特色

各类无人机性能特点详解。本书在写作中引入各种事例以及故事短文，并结合丰富图例，详解各种风靡一时的无人机的性能特点。不仅增强了文章的可读性、趣味性，还有助于读者在轻松的阅读氛围中快速了解各种不同型号的无人机。

对无人机进行全方位介绍。本书系统化地介绍了无人机的来龙去脉，先介绍无人机的概念和发展历史，再讲解无人机的构造以及飞行原理，然后详细指出无人机的优势以及在民用领域的运用，让读者对无人机有了更为立体的认识。最后讲述无人机的一些实用操作技巧，有助于读者迅速学会操作无人机，实现从"小白"到"大神"的转化。

本书由北京理工大学的司朝润、武伟超和中航工业规划的周旭编著，其中司朝润编写了第 1 ～ 3 章，武伟朝编写了第 4、5 章，周旭编写了第 6 章。在编写本书的过程中，我们以科学、严谨的态度，力求精益求精，但错误和疏漏之处在所难免，敬请广大读者批评指正。

作者邮箱：lushanbook@qq.com

编辑邮箱：chenlch@tup.tsinghua.edu.cn。

作者

目录

第 1 章

无人机的前世今生

近年来，一个新兴的词汇经常被媒体提起，而在诸多城市的街头巷尾，也出现了许多手拿遥控器的时尚青年，循着他们的目光看去，可见许多种类不一、形态各异的飞行器，如图 1-1 所示，这便是最近火爆的"无人机"。

图 1-1

"发烧友"把无人机作为玩具；爱美者将其作为自拍利器；实用主义者会把它看作航拍、测绘的法宝；有商业视野的人则把它看作空中运货的工具；当然也有不少创业者把它当作一个可以拉升公司估值的新概念；而对于军方来说，无人机更是克敌制胜的绝密武器。

毋庸置疑，无人机正成为下一轮技术创新的国际竞争热点之一。在美国，从 Google 到 Facebook，再到亚马逊、迪士尼、GoPro 等，都将目光投向无人机市场。而我国的自有品牌大疆、零点等也成为这个领域的佼佼者。深圳市大疆创新科技公司（后面简称大疆创新或大疆）更是以全球民用无人机 70% 的市场份额站在了行业前端，在近五年内获得了 100 倍的增长，估值达到 100 亿美元。

那无人机到底是什么呢？它从何而来，又将飞往何处？又会对于大众生活带来什么样的影响呢？本书将一一为你解答这些疑问。

1.1　蒙昧时代的飞行

　　从古老阿拉伯神话中的飞毯，到中世纪达·芬奇所发明的飞行器（如图 1-2 所示），再到 20 世纪初莱特兄弟研制的"飞行者 1 号"飞机（如图 1-3 所示）。从古到今，人类始终没有放弃过对于蓝天的向往，始终梦想着有一天能像鸟儿一样在天空中翱翔。

图 1-2

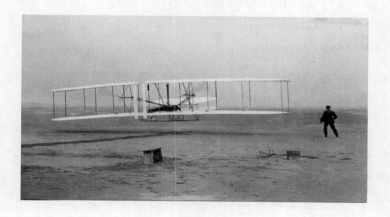

图 1-3

　　飞机的出现是人类航天史上的一大进步，人们终于可以驾驶着这种庞大但精巧的工具去蓝天翱翔了。在此基础之上创建的机场、空军、民航等新事物，也最大限度地拓宽了人类在军事和生活等多个领域的视野。但随着时代的发展，人类的需求变得愈发多元化、个性化，而大型的飞机很难满足需要，因此小型化、智能化、个性化的无人机便应运而生了。

1.1.1　无人机概况

　　无人机（Unmanned Aerial Vehicle，UAV），顾名思义为"无人驾驶的飞机"，是利用无线电遥控设备和自备的程序控制装置的不载人飞机，包括无人直升机、无人固定翼机、无人多旋翼飞行器、无人飞艇、无人伞翼机。广义地看也包括临近空间飞行器（20~100km空域），如平流层飞艇、高空气球、太阳能无人机等。从某种角度来看，无人机可以在无人驾驶的条件下完成复杂空中飞行任务和各种负载任务，可以被看作"空中机器人"。

　　无人机上没有驾驶舱，但安装有自动驾驶仪、程序控制装置等设备。地面遥控人员通过雷达等设备，对其进行跟踪、定位、遥控、遥测和数字传输。可在无线电遥控下像普通飞机一样起飞或用助推火箭发射升空，也可以由母机带到空中投放飞行。回收时，可以用与普通飞机着陆过程一样的方式自动着陆，也可以通过遥控用降落伞或拦网回收。可反复使用多次。

　　无人机可以用于多个领域，大致可以分为军用、民用和消费级三大类型，不同的类型对于无人机的性能要求各有偏重。

※ 军用无人机对于灵敏度、飞行高度、速度、智能化等有着更高的要求，是技术水平最高的无人机，包括侦察、诱饵、电子对抗、通信中继、靶机和无人战斗机等机型。

※ 民用无人机一般对于速度、升限和航程等要求都比较低，但对于人员操作培训、综合成本有较高的要求，因此需要形成成熟的产业链

提供尽可能低廉的零部件和支持服务。目前来看民用无人机最大的市场在于政府公共服务的提供，如警用、消防、气象等，占到总需求的约70%，而我们认为未来无人机潜力最大的市场可能就在民用，新增市场需求可能出现在农业植保、货物速递、空中无线网络、数据获取等领域。

※ 消费级无人机一般采用成本较低的多旋翼平台，用于航拍、游戏等休闲用途。

1.1.2 无人机的原型

有人说，战争催生了科技，这句话不无道理。无人机的诞生可以追溯到1914年，正值第一次世界大战期间。随着军用飞机（如图1-4所示）在战场上的使用越来越多，在战场上空被击落所造成的飞机损失和飞行员的伤亡也在不断上升。那么，能否研制一种飞机，既能够完成正常战机的作战或轰炸任务，又不会造成飞行员的伤亡呢？基于这个军事需求，军事界和航空界的一些先知先觉者便开始了无人驾驶飞机的探索和研制工作。

图1-4

最早的无人机设想由英国的卡德尔和皮切尔两位将军提出，他们向英国军事航空学会提出了一项建议：研制一种不用人驾驶，而用无线电操纵的小型飞机，使它能够飞到敌方上空，投下炸弹。这种设想得到

了当时英国军事航空学会理事长戴·亨德森爵士的支持。他指定由英国星际学会主席A.M.洛教授组成一个小组进行专项研究。为了保密起见，该项研究叫作"AT计划"。

起初，"AT计划"的研究工作是在布鲁克兰兹进行的，后来又转移到米德尔赛克斯的费尔泰姆地区。研究小组首先从研制无人机的遥控装置入手，经过多次试验，研制小组首先研制出一台无线电遥控装置。紧接着，飞机设计师杰佛里·哈维兰制造了一架翼展为6.7m的小型上单翼飞机，并配置了1台功率为26kw的活塞发动机，还安装了起落架。最后，研究小组将无线电遥控器安装在小型飞机上，便得到了最早的无人机原型，如图1-5所示，无人机的研究工作取得了阶段性胜利。

图1-5

在第一次世界大战临近结束的1917年3月，地点在尼奥帕万英国皇家飞行训练学校，这架由无线电遥控的飞机迎来了自己的第一次试飞。人们带着各种惊奇、诧异的眼光，看着这前所未有的新事物，很好奇一架没有驾驶员的飞机要如何飞行。随着一声令响，在人们关注的目光下，这架无人机的发动机慢慢开始轰鸣，并像正常飞机一样向前滑行，随即成功起飞并进入正常飞行状态，看起来非常完美。就在人们紧张的神经刚要松弛下来的时候，发动机欢快的轰鸣声突然停止了！由于发动

机的突然熄火，无人机一下子失去了动力和升力，再也无力承担自己沉重的机身，立即进入失速状态，最终在众目睽睽之下一头栽倒，就这样，无人机的首次试飞以失败告终。

然而，最大的难关还在后面。在第一次世界大战结束以后，军事上对无人机的需求已经不再迫切。加之大战结束后大量裁军以及大量的军用飞机要退役，在这种情况下，无人机的发展也就失去了动力，第一次 AT 计划的试验被迫停了下来。

不过，A.M.洛教授对无人机的研究具有极大的兴趣，并没有因为失败和困难而终止研究工作。在他的争取下，英国政府重新投入了研究资金。工夫不负有心人，10 年后，A.M.洛教授和他的同事们在无人机研究方面取得了丰硕成果。1927 年，英国皇家飞机研究所研制出"喉"式单翼无人机，如图 1-6 所示，在英国海军"堡垒"号军舰上进行了试飞。"喉"式无人机载有 113kg 炸弹，在军舰上安装的一个小倾斜角滑轨上滑行起飞，以 322km/h 的速度成功飞行了 480km。

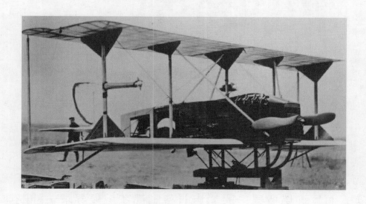

图 1-6

"喉"式无人机在航空界引起了极大的轰动，从此无人机便告别了试验阶段，成为了另一种可行的飞行方案——A.M.洛教授历时十多年的研究工作终于画上了一个句号。不过，无人机的研究却并没有止步

于此，尤其是接下来的第二次世界大战，又给了无人机发展的良机。

1.2　第二次世界大战中的飞天"稻草人"

　　由于飞机在第一次世界大战时的突出表现，空军作为一支全新的军事力量日益受到各国政府的重视，由此也衍生出了一系列的对空武器，如空对空导弹、地对空导弹、歼击机、高射炮等。不过因为这些武器的针对目标是飞行单位，所以不能像陆军和舰艇那样进行训练，需要提供假想的飞行目标进行射击，如图1-7所示。

图 1-7

　　最初，空中使用的靶标都是拖靶、小旗或者布袋，这样既不安全也不真实，而且训练效果一般。当时各国都在积极寻求一种既可以像飞机一样在空中飞行，又不需要人驾驶的模拟飞行器，这个想法恰好和无人机的概念相重合。它最接近真实飞机的外形、低廉的造价、相对灵活的飞行方式，无疑是用作靶机的绝佳选择。这样就出现了一个有趣的现象：无人机最初的设计目标是为了完成正常战机的作战任务，是具有进

攻威胁的战斗利器；然而第一架实用型的军用无人机却并不能用来攻击敌方目标，相反却是作为"被攻击"的对象。

不过，无人机被当作飞行标靶使用也实属无奈，原因在于当时最先进的"喉"式无人机，虽然在1927年成功试飞，但还不能实现稳定飞行，更不要说投弹了。研发人员不得不调整思路，最后将无人机用作训练——不然没有实用价值的无人机，恐怕又要夭折了。无人机研发的思路调整之后，就有了一种"柳暗花明又一村"的感觉。在第二次世界大战期间，无人机将标靶的作用发挥得淋漓尽致，甚至使军方用另一个名字"靶机"（如图1-8所示）来代称无人机。可以说，"靶机"完美地满足了对空武器训练需求。它就相当于地面部队练习射击刺杀时所用的"稻草人"，只不过它是飞在天上的。

图 1-8

在"靶机"的研发上，英国人再次走到了前头。一开始，是由英国皇家航空研究院进行研究的，当英国海军看到无人靶机巨大的军事潜力之后，立刻全力支持航空研究院，可以说给无人机研发项目打了一剂"强心针"。那么，我们就不得不说一说让英国海军欣喜若狂的"蜂后"无人机的故事了。

无人机的鼻祖"蜂后"

两次世界大战之间，无人机研发人员已经调整了思路，将无人机技术集中朝着无人靶机这个方向发展。

最初，英国皇家航空研究院对 RAE 1921 型无人靶机进行了试飞。这是一种新型的无人靶机，它将空气动力学、轻型发动机和无线电技术有效结合，可在近 2 km 的高度上以 160 km/h 的时速飞行。只是，这样的飞行性能并不足以模拟当时的战机，还不能用作训练用的靶机。此时，英国皇家航空研究院由于得不到经费的支持，充斥着消极、悲观的情绪。不过，随后的"费利王后"（Fairey Queen）无人机，将这样的负能量一扫而光。

1932 年，英国本土舰队将"费利王后"携往地中海进行试验，检验靶机的飞行性能，当然更重要的是检验本土舰队防空火力的效能。当时"费利王后"冲着本土舰队的密集防空火力飞行了两个小时而未被击中，这一试验结果让当时的海军大跌眼镜——这不仅说明本土舰队防空兵器低效，同时也充分说明靶机具有无可争辩的实用性——一旦靶机改成无人攻击机，将对舰队带来莫大威胁。

这让英国人抓到了一个发展空中力量的契机，也激励他们加紧开发无人机技术。终于，在 1934 年，英国人在"虎蛾"双翼机的基础上，升级改良后造出"蜂后"无人机（如图 1-9 所示）。相对于之前的靶机，"蜂后"在飞行性能上有了一个质的飞跃，这再次刷新了英国海军对无人机的认知。当然，也争取到了海军对无人机研究的支持。

在"蜂后"诞生之前，当时所有的无人机在起飞后都无法回到原点，所以没法对其加以再利用。随着"蜂后"的问世，将空气动力学、轻型发动机和无线电技术进行了有效结合，终于使无人机得以返回其起飞点，这就使它们变得更实用了。"蜂后"的飞行高度达到 17 000 英尺（约 5000m），最大速度为 160km/h，其飞行性能也远胜于同时期

的任何无人机。"蜂后"也因此被广泛认为是无人机的鼻祖。

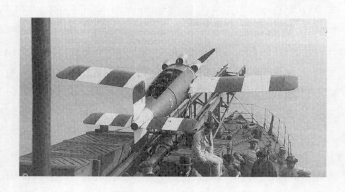

图 1-9

　　不久，第二次世界大战正式爆发。英国人将"蜂后"运用于战场，很快就尝到了甜头，他们马上加紧生产了 420 架新型"蜂后"靶机。据资料显示，这些靶机每架都有 20 架次的飞行记录，它们伴随着英军飞行员直到第二次世界大战结束（如图 1-10 所示）。甚至可以说，第二次世界大战期间英国的空军力量之所以强于德国，拥有"蜂后"无人机也是原因之一。

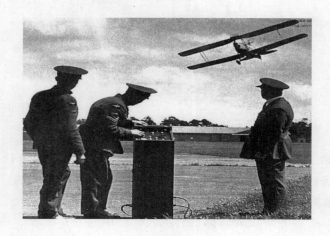

图 1-10

与英国皇家海军一样，大西洋对岸的美国海军也相信无人机的军事潜力，至少认为作为靶机进行作战训练是非常可行的。这里还有一个小插曲，美国人将无人机用于靶机的想法最初来自于一个玩具模型制造商人。20 世纪 30 年代，雷吉纳德·丹尼（Reginald Denny）在他的无线电飞机公司里制造出了一架遥控飞行模型，将其命名为 RP-1，并推荐给军方。不过，一开始美国军方认为这种"小玩意"只是玩具而已，因而毫无兴趣。不过，在他们看到 RP-1 的飞行性能之后，想法很快就来了一个大反转——这架飞行器用作空中标靶再合适不过了。从 1939 年到第二次世界大战结束期间，美军一口气采购了 15 000 多架这种遥控飞机。而且，这架遥控飞机还促使了美国人进一步研究更加先进的大型无线电控制靶机，甚至还进一步将无人机研究触碰到舰载无人战斗机领域，如图 1-11 所示。

图 1-11

回顾第二次世界大战中无人机的使用，从最初作为替代飞行员执行空中作战任务而备受期待的新式武器，到只能充当陪练的飞行靶机，无人机的发展经历了一段曲折的过程。总之，第二次世界大战时期的无人机仍处于初步的研发阶段，它们巨大的应用潜力，要等到接下来的冷战时期才会逐步爆发。

1.3 冷战时期的侦查尖兵

在20世纪50年代之前,军用无人机几乎都被当作靶机用于训练。直到20世纪50年代中期,美国陆军发现将无人靶机装上照相机用于战场侦察这个想法比较可行,也更有意义,于是在RP-71型靶机基础上加以改进。

这样,世界上第一种实用型无人侦察机AN/USD-1（如图1-12所示）就诞生了。AN/USD-1无人机采用火箭助推方式起飞,作战人员通过无线电指令控制飞行,作战过程可由雷达跟踪,持续飞行时间可达30 min,返航后通过降落伞回收。该机可携带一部可拍摄95张照片的KA-20A型昼间照相机或一部只可拍摄10张照片的KA-39A型红外夜间照相机。

图 1-12

在AN/USD-1之后,各国又相继研制了数个无人侦察机方案,但多数无疾而终。除了技术难题和开发成本过高外,其中最主要的原因还是无人机获取的情报信息处理过程太过复杂和耗时。

　　直到 1960 年 5 月，美国的一架 U–2 高空侦察机在前苏联领空被
SA–2 防空导弹击落。正是因为这一事件，使美国人开始继续研制无人
侦察机——毕竟用人驾驶侦察机实在过于冒险。于是美国人很快启动了
两个无人机项目——美国空军的"专用飞行器"（SPA）计划和中情局
的 D–21"标签"超音速无人机计划。前者是在"火蜂"无人靶机基础
上发展而来的无人侦察机。说起"火蜂"侦察机，它与我国的歼 –6 型
战机（如图 1–13 所示）之间还有一个故事。

图 1–13

狙击侵我国界的"火蜂"无人机

20世纪60年代中期，在越南战争期间，美国为避免有人驾驶侦察机在我国领空侦察时被击落后飞行员被俘，从而引起外交上的麻烦，他们想到了一个方法，将"火蜂"无人机投入战场，来执行侦查任务。

"火蜂"无人机（如图1-14所示）在当时十分先进，它的体积小，翼展3.91m、机长7.01m、机高2.04m；重量轻，只有934kg；飞行高度高，能飞17 500~18 300m，改进型"火蜂"可达20 000~21 000m；续航时间长，可飞行4h25min；航程远，最大航距3000km；而且可进行亚音速飞行，速度达750~800km/h。机上还装有一部HR-233型相机，收容宽度40km、长度2000km。"火蜂"无人机由DC-130型运输机挂载，飞行至预定位置进行定点投放，投放高度为5000~6000m，投放后无人机按预先设定在计算机内的速度、航向、高度数据飞行，转弯点也预先设定好，以便能准确通过要侦察的目标上空。这样一架先进的无人机，用于窃取军事情报，实在是很合适。

图1-14

1964年8月29日，"火蜂"首次入侵中国领空，它从海南岛海口出发，穿越雷州半岛，经广西南宁、梧州、广东兴宁、福建漳州，再从

厦门出海，到我国台湾北部湖口上空伞降回收，一路畅行无阻，如入无人之境。接着在9月初至10月上旬，美军又连续在中国南部诸省入侵侦察达6架次。

由于我国空军对这种无人机性能和活动特点不甚了解，虽每次都派出歼击机进行拦截，但均未获战果，甚至还差点牺牲一名飞行员。那是在1964年10月13日，"火蜂"无人机第8次入侵中国领空，到雷州半岛上空侦察。中国空军马上起飞一架歼－6战斗机（如图1-15所示）进行截击。当时的歼－6是我国空军最先进的战斗机，由前苏联的米格－19P战斗机仿制而来。它机身长14.64m，机高3.89m，翼展为9m，最大速度为1454km/h，巡航速度900km/h。但是歼－6机翼后掠角太大，翼尖失速问题比较严重。所以在"火蜂"面前，歼－6并不占优势。不过，中国飞行员依然勇敢出击，他在17 600m高度上发现敌机后，接着3次开火，但是由于缺乏经验，对无人机的性能也缺乏了解，炮弹打光仍未命中。但是飞行员不甘心，继续朝无人机冲去，想将其撞下。但因动作过猛，不仅没有撞到敌机，反而使自己的飞机进入了螺旋，并急剧旋转下降，情况十分危急。飞行员几次试图改出螺旋均未成功，只得弃机跳伞逃生。

图 1-15

　　这次战斗惊动了中央高层，时任周恩来总理亲自指示："要千方百计打下一架无人机"。中国空军也把这次失利视为奇耻大辱，下定决心要击落这些侵我国界的无人机。他们在南宁、遂溪、昆明、蒙自等地进行训练、研究战术。经过一个多月的准备、研究和训练，我军基本了解了"火蜂"的性能，终于掌握了一套行之有效的基本战法。

　　1964 年 11 月 15 日，地面预警雷达发现在海南岛陵水东 170km 处上空有一架"火蜂"，经海南岛文昌、琼州海峡，直指澜洲岛。中国飞行员徐开通立刻奉命驾驶歼 -6 起飞拦截，他在发现"火蜂"后，马上用固定光圈瞄准，在距敌机 400m、300m 处两次开火，不过都没有命中。此时，徐开通冷静下来，脑海中回忆起之前制定的攻击方法。他稳住飞机，在距敌机 230m 处瞄准敌机腹部第三次开火，一直打到距敌机 140m，看到敌机中弹冒烟并掉下很多碎片时，迅速带左坡度脱离敌机，一团火球从他上方几米的高度一掠而过，场面十分惊险。等他看到敌机反扣急旋下坠时，徐开通向指挥所报告："击中目标"。

　　这是中国空军飞行员驾驶歼 -6 型战机首次击落入侵的美军无人驾驶高空侦察机，从徐开通发现敌机到将其击落，共耗时 3 分 20 秒。

　　在击落"火蜂"之后，飞行员徐开通十分谦虚，在他看来，没有指挥员的正确指挥，没有地面保障人员的努力，自己是无法完成这个任务的。的确，在中国空军研究"火蜂"的时候，就发现击落它的关键在于雷达的精确制导和锁定目标航迹，这就对"幕后工作者"——雷达操作员提出了很高的要求。身为雷达操作员的沈贵余苦练技术，达到了能在 0.4s 的反应时间内对敌机进行精准定位，使飞行员击落"火蜂"成为可能。

　　中国飞行员首次击落"火蜂"，还创造了战斗机首次在平流层击落飞机的纪录。在首胜之后，一直到至 1971 年年底，我军共击落"火蜂" 21 架（如图 1-16 所示），击毁率达 20.8%。面对这架不再是来无影去无踪的无人机，民间对它还有一个亲切的称号："笨贼"。

图 1-16

后来为了减少伤亡损失，美国人将更加先进的"萤火虫"无人侦察机（如图 1-17 所示）投入到了南亚地区。不过，随着南亚地区季风时节的到来，云层厚度加大，使得目标区域被恶劣的气象条件所掩盖，"萤火虫"几乎无所作为。

图 1-17

不过，越南战争确实为无人机的发展提供了契机。除了上文介绍的无人侦察机，反潜无人攻击机同样也得到发展。虽然早在 20 世纪 50 年代，代号为 QH-50 的无人直升机（如图 1-18 所示）就已经出现，

但是直到 1960 年 8 月 12 日才实现首飞，1963 年首次装备美海军驱逐舰。就在越南战争期间，部分 QH-50 无人直升机还安装了摄像机用于执行炮兵校射任务，甚至在装备了"夜豹"和"夜瞪羚"等夜视传感器、机枪、榴弹发射器和炸弹后还投入到了夜间攻击任务中。不过，随着越战走向尾声，QH-50 无人直升机逐渐被新的 LAMPS 有人直升机系统取而代之。

图 1-18

1.4 侦打一体的反恐精英

20 世纪 90 年代初，随着苏联的解体，冷战也画上了句号。但军用无人机又立刻投入到了新的作战领域——反恐怖主义。无人机在军事上的应用渐渐过渡到反恐怖组织的轨道上来。

2001 年 9 月 11 日，纽约世贸大厦遭到恐怖袭击。而后，以围捕阿富汗境内基地组织为共同目标的反恐同盟在同一年诞生，并在 2003

年起在伊拉克继续与基地组织作战。在这场战争中，美军有一条不成文的规定——依靠情报工作的长期性与准确性，尽可能不让部队处于危险境地，在远离美国本土的战争中实现"零伤亡"。因此，军队需要长期拥有可靠的侦查监视技术，而在冷战时期得以充分历练的无人机自然成了首选。

　　美国通用原子公司将MALE（Medium Altitude Long Endurance，意即"中海拔、长时程"）无人机系统安装在了"捕食者"无人机身上，如图1-19所示。这种无人机与当时已生产的所有无人机都截然不同，专门为了长时间飞行和执行侦查任务而设计，可以在数千千米之外远程导航，能满足美军的所有需求。

图 1-19

　　"捕食者"翼展16m，机翼很长，类似于滑翔机的机翼，由螺旋桨引擎推进。机身背部有卫星通信天线，尾部呈V字形，比传统的尾翼矮，更容易停放。这种无人机可以在7000m海拔高度连续飞行40h，一些型号甚至可以飞行超过60h。

　　在此之前，类似的侦查工作都是由卫星承担的，卫星必须按照固定的轨道运行，只能等到在轨道上经过目标地点时才可以工作，而无人机却可以直接飞到要侦查的地点，这无疑更加灵活。而且，无人机的飞行高度很低，拍摄的照片更加清晰。不过，卫星并不是无人机的竞争对

手，恰恰相反，卫星可以通过地理定位，以及20世纪90年代研发的全球卫星定位系统（GPS）为无人机导航。卫星还可以为无人机飞行和现场传输图像提供中转服务。

"捕食者"无人机还被创造性地赋予了新身份——具有攻击性的无人机。此前，无人机的目标仅仅是用来侦查敌军，然后就会被对方飞机或高射炮击毁。"捕食者"无人机上搭载了武器系统，彻底扭转了这种局面。

比电影更恐怖的"捕食者"无人机

20世纪70年代，侦察卫星已开始成为战略侦察的重要手段。不过，由于侦察卫星拍摄到的图片容易受大气条件的影响，而且只能按照预设飞行轨道飞行，因此侦察卫星的使用是存在很大限制的；另一方面，前苏联着手部署防空导弹，这种导弹对高空飞行的 SR-71 侦察机构成严重威胁。因此，美国空军特别重视远程无人侦察机的发展，希望以此取代有人驾驶的 U-2 和 SR-71 侦察机。

在这一背景下，美国人研发出了"捕食者"无人机(如图1-20所示)。它继承了"琥珀"无人机的性能、"蚊蚋-750"的总体布局，它的尺寸更大，而且几乎完全静音，人们在4km之外用肉眼就看不到该机了。从此，这架让人恐惧的无人机就悄然出现在天空中。

图1-20

　　1995年，"捕食者"正式投入作战使用，在北约行动中展现了其能力，它将彩色视频图像与红外侦察图像传回控制中心，这给美国军方留下非常深的印象。不过，在后来的行动中，"捕食者"无人机显露出了它的弊端。起因是"捕食者"在一次侦察中，传回的图像中显示有恐怖大亨本·拉登，但是"捕食者"并没有携带攻击武器，只有让海军使用战斧地面攻击导弹进行打击。可是，这些导弹花费了太长时间才到达，以至于错失战机，导致攻击失败。空军司令部指挥官因此要求在"捕食者"无人机上安装"地狱火"反坦克导弹。因为"捕食者"无人机的体积小并且缺乏整体结构力量，所以它只能携带不超过200磅（约90kg）的导弹——于是重99磅（约45kg）的"地狱火"导弹几乎成为了唯一的选择（如图1-21所示）。

图1-21

　　安装了"地狱火"导弹的"捕食者"，更加体现了它恐怖的一面，尤其是在执行"定点清除"任务的时候。试想一下：周围没有一名敌军，甚至没有一点声音，突然间，一声巨响加上一片火光……目标人物也许到死都不会想到自己是如何被袭击的。这样的"清除计划"正在真实上演着：2001年11月18日，一架"捕食者"在支援美军攻击一处塔利班基地的行动中发现敌人正逃离现场，于是立即发射"地狱火"，击毙

数十名恐怖分子，其中包括了几名塔利班领导人；2002年11月3日，一架"捕食者"在也门发现一辆乘坐着基地组织高级官员和五名手下的汽车，"捕食者"直接攻击，全歼恐怖分子。

更让人恐怖的是，操作这些无人机的士兵并不需要"身临其境"。实际上，美国空军的所有"捕食者"都是由内华达州内利斯空军基地（靠近拉斯维加斯）和克里奇空军基地遥控操作的。一些参加了战斗的无人机飞行员笑说："我们心在伊拉克，却身在拉斯维加斯"。而且，在实施"定点清除"时，通过一连数小时观察无人机拍摄到的房屋、车辆与行人的录像，远在美国本土的操作员就能掌握任意特定区域的地面情况。一旦分析员认定目标区域内有可疑人物出现，美军无人机便会立即飞过去，发起凶狠的精确打击。在整个作战过程中，美国人不用流一滴血，便可消灭敌人。

如此快、准、狠的"捕食者"，真的成了恐怖分子的"恐怖噩梦"。除了恐怖分子，"捕食者"还出现在一些电影导演的梦里，当然，这是一个科幻梦。

在热血大片《速度与激情7》中，大反派最后所用的秘密武器就是一架前掠翼版"捕食者"（如图1-22所示）。而且这架"捕食者"相比于现在军方所用的更加科幻，它具备可转向喷气发动机，并且还具备垂直起降能力。更加精彩的是，这架"捕食者"可以在超低空左躲右闪，在楼群中灵活穿梭。在进行了多次攻击却没有除掉敌人后，最后竟然钻到了隧道里面，对车辆进行打击。现在优秀的战斗机驾驶员可以控制飞机做低空飞行（50~100m），优秀的直升机驾驶员可以控制直升机做超低空飞行（20~50m），但没有什么驾驶员可以做到地面跟踪飞行（10~20m），更不用说钻进隧道了。此外，电影中"捕食者"超级强大的火力也让人震惊。装备了M134型加特林速射机枪，最高射速高达6000发/min，相当于每秒100发子弹，足以让敌人"灰飞烟灭"了。除了机枪，捕食者还装备了多发空对地导弹。由于无人机机体较小，这些导弹像左轮手枪一样，采用了旋转弹仓，通过弹仓的旋转来投放弹药。

图 1-22

　　不过电影终究是电影，目前的"捕食者"作战能力还没有这么强大，但是它至少反映了现在美国人心目中对未来"捕食者"的憧憬，也许这个梦很快就能实现。

　　不过，MALE 无人机系统存在一个重大缺陷：速度慢，最高速度仅为 200km/h。如果目标距离远，无人机的航程就需要花费很长的时间，也就是说，可用于观测目标的时间就会相应变短。而 HALE（High Altitude Long Term Endurance，意即"高海拔、长时程"）的无人机系统则有效弥补了这一缺陷。相应的无人机配备喷气式引擎，速度是 MALE 无人机系统的 3 倍。例如诺斯普诺·格鲁门公司的 RQ-4"全球鹰"无人机，如图 1-23 所示。该机飞行高度可达 18 000m，其翼展为 40m，体积如同航班客机，续航能力为 40h。

图 1-23

1.5　迷你时代的到来

　　进入 21 世纪以来，得益于新型制造方式的出现以及微型电子技术的发展，无人机也跨入了一个全新的发展领域——迷你无人机。迷你无人机因结构简单、重量轻、尺寸小、成本低，从而在民用领域拥有广阔的前景，尤其是多旋翼无人机（如图 1-24 所示），由于能够垂直起降、自由悬停，可适应于各种速度及各种飞行航路，受到了众多无人机爱好者的青睐，也是民间市场上应用最广泛的机型。

图 1-24

提示：根据飞机外形的大小，可将无人机划分为微型无人机、小型无人机、中型无人机和大型无人机。通俗来讲，微小型无人机也可以称为"迷你无人机"，比较小的迷你无人机的翼展和长度小于 15cm，大一点的则在几十厘米至几米之间。

1.5.1　无人机的科技突破

　　与无人机在军事应用上走过的道路一样，迷你无人机在民间市场上掀起的科技狂潮也并不是一蹴而就的。迷你无人机的诞生至少得益于以下方面的开创性突破。

1. 更轻的控制系统

就拿多旋翼无人机来说，尽管它们机械结构简单、成本相对较低，但飞行时不太稳定、很难控制，容易因侧翻而坠机，所以需要自动控制器和导航系统来控制飞行姿态。但过去由于导航系统体积庞大，重达数十千克，难以应用在小型飞行器上，所以很长一段时间内，多旋翼无人机都没有取得大的发展。

直到20世纪90年代以后，得益于MEMS技术的发展，重量仅为几克的导航系统才被研制出来。这里就要提到MEMS技术，这个技术的全称是"机载微型机电系统"，它是微电路和微机械按功能要求在芯片上集成的一个独立的智能系统，主要由传感器、制动器、电源、信号处理和控制电路组成。它的尺寸为微米级至纳米级，因此整个系统的体积非常小，并且采用单晶硅材料，在机械特性方面要比超级合金或钛等材料具有更良好的电气特性。

不久前，Axis Drones 公司推出了一款最新的无人机产品——Aerius（如图1-25所示），它是现代控制技术高水平的体现，该机尺寸仅为3cm×3cm×2cm，只比一枚普通硬币大一点，而无人机的控制器的长度也仅为10.8cm。不过，麻雀虽小，五脏俱全，Aerius同样具有两种可调节的飞行速度和飞行灵敏度，并且有初学模式，还可以帮助初学者确定飞行方向。在硬件方面，与其他大型无人机差别不大，LED灯、六轴陀螺稳定、智能定向控制器等配置一应俱全。

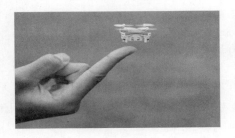

图 1-25

2. 更好的成像系统

无人机市场在民间的大热，很大一部分原因都是因为其优异的航拍功能，即使是摄影外行，利用无人机也能拍摄出壮观瑰丽的照片。而航拍功能主要与无人机的飞行稳定性、续航能力和装载能力有关。或者用学术术语来讲，就是无人机的飞行控制、云台技术（即挂载设备的稳定技术）以及图像传输技术。

飞行控制

关于飞行控制，对于多旋翼无人机而言，由于它们对外界和自身系统干扰敏感，所以飞行控制算法极为重要。不过该技术现在已经不是问题了，不论国际还是国内都已经实现了多旋翼无人机定点悬停和轨迹跟踪飞行控制。另外，直接关乎飞行稳定的因素，还有电动机。如果电动机转速过快、不均衡，就会使无人机在飞行中很难控制平衡，更不用说定点、定高进行高清影像拍摄或预览了。

所以现在民用无人机大多采用直流无刷电动机，如图1-26所示。由于直流无刷电动机是以自控式运行的，所以不会像变频调速下重载启动的同步电动机那样，在转子上另加启动绕组，也不会在负载突变时产生振荡和失步，从而解决了这个问题。

图1-26

云台技术

拍照摄影对于稳定性有极高的要求，而"云台"便是用来安装、固定相机或摄像机的支撑设备，主要分为固定和电动云台两种。目前无人机市场也经历了从固定式云台，到带三轴稳定补偿的航拍云台以及带两轴稳定补偿的航拍云台。现在的云台技术，已经能够保证航拍时的画面有全方位的稳定性，保证画面清晰、稳定，如图 1-27 所示。

图 1-27

图像传输技术

至于无人机的图像传输技术，对于无人机玩家而言至关重要。甚至可以说图像传输系统的性能是区分无人机档次的一个关键因素。图像传输距离的远近、图像传输质量的好坏、图像传输的稳定性等都是衡量无人机图像传输性能的关键因素，2.4GHz 是目前无人机市场比较主流采用的频段。在专业的 WiFi 芯片厂商还没有开发出无人机专用的远距离无线高清视频传输的芯片之前，以 2.4GHz 传输器作为无人机图传系统的核心器件，也可以实现远距离高带宽的无线视频传输。

3. 更便捷的动力来源

与军用无人机不同，消费级无人机使用的是电力而非航空燃料。现时无人机的电池主要以锂聚合物电池为主，如图 1-28 所示。其特点是能量密度大、重量轻、耐电流数值较高等，这些特性都是比较适合无人机的。手机领域也有部分使用锂聚合物电池的，但充、放电能力远远不及无人机的电池（单片电芯放电能力理论值超过 400A ）。而由于这些电池用于无人机的动力系统，所以也叫作"动力电池"。

图 1-28

　　不过，一般电池无法提供长时间续航的动力，而民用无人机的小尺寸又注定了它无法搭载更大的电池。因此在电池能量密度尚未取得重大突破的今天，目前市场主流的无人机产品最长的续航时间不超过25min。

1.5.2　新型制造方式的出现

　　20世纪八九十年代，复合材料和高强度塑料泡沫开始被广泛应用。复合材料是由两种或两种以上不同性质的材料，通过物理或化学的方法，在宏观（微观）上组成具有新性能的材料。各种材料在性能上互相取长补短，产生协同效应，使复合材料的综合性能优于原组成材料而满足各种不同的要求。因此，制成的复合材料拥有两种各自原本互不具备的特性，如坚硬和轻盈兼备，如图1-29所示。

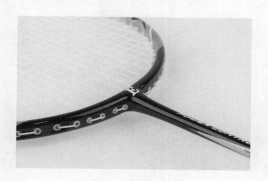

图 1-29

复合材料质量轻，容易塑型，从 20 世纪 80 年代开始逐渐取代了用于制造空中客车和波音飞机的铝、钢和钛。现在，复合材料几乎占无人机总重量的 50%。生产总量的提高让生产成本下降，复合材料的价格逐渐能为大众接受。在大众市场上，复合材料以碳或玻璃纤维管、片的形式销售，这两种材料是制造多旋翼无人机的主要原材料，如图 1-30 所示为碳纤维材料。

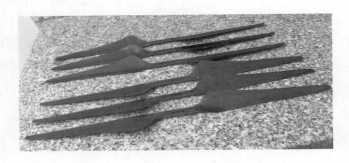

图 1-30

此外，还有一些无人机依赖空气动力学进行飞行，因此采用塑料泡沫，通过模具制造出来的流线外形也是基于空气动力学原理的。发泡聚乙烯轻巧、坚固、容易制作，成为小型固定翼无人机流线型外壳和机身的标准制作材料，如美国的 RQ-11 "渡鸦" 无人机，固定翼展 1.3m，质量不足 2kg，步兵手持即可放飞，如图 1-31 所示。

图 1-31

目前在民用无人机领域里，尤其是在消费无人机领域，多旋翼无人机是最常见的，其中又以四旋翼的最受欢迎。虽然在 2010 年之前，固定翼和直升机无论在航拍，还是航模运动领域都占有绝对主流的地位，但是这都已成为过去。

民用无人机小结

近年来，小型、轻便、可操控，类似航模的无人机正被广泛地应用到民用领域。在热播的综艺节目《爸爸去哪儿》中，无人机就执行了航拍任务。尤其是林志颖的儿子 Kimi 指着空中的无人机说："它一直跟着我们。"让更多的观众注意到了无人机的存在。不过，除了航拍，无人机还能做什么？

如果要细数一番无人机的应用案例，它涵盖了农业植保、工业巡检、警用执法、消防救援、婚纱摄影、包裹递送、边境巡逻、生物研究、天气预测、商业安保等数十个领域。表面上看来，无人机应用确实可谓繁复纷杂，让人眼花缭乱。但是从本质上看，无人机就只有三个功能：拍摄、投递和通信中继。

拍摄是无人机最基本，也是最原始的功能。不过，简单的"拍摄"一旦运用到无人机上，往往就会酝酿出让你瞠目结舌的新奇玩法。例如时下流行的谷歌和腾讯街景，它们都落后了，那一辆辆的街景车一遍一遍地轧马路，看起来就那么死气沉沉。但无人机就大不一样了，其拍摄的街景图片不仅有一种鸟瞰世界的视角，还带有些许艺术气息。除了拍摄平静的街道，无人机同样可以冲锋陷阵，去捕捉惊险而又美丽的画面。如大疆创新最新的产品 Phantom 4（如图 1–32 所示），就将无人机的拍摄功能提升了一个高度。Phantom 4 共有 5 个摄像头，其中两个位于前部，两个位于底部，再加上一个持续在拍摄 4K 视频的主摄像头。这些摄像头拍摄的图片将通过一个计算机视觉软件，构成一个供无人机智能导航的 3D 场景。无怪乎大疆创新的飞行拍摄总监 Eric Cheng 曾到冰岛的火山附近拍摄了一段纪录片，让人们看到难以接近却又从未近距

离观赏过的火山熔岩活跃之景。这段纪录片后来被美国的 ABC 电视台的新闻节目《早安美国》转播，还被《连线》等媒体进一步转载。

图 1-32

此外，航拍也是无人机厂家的一个发力点。譬如 FlyPro 发布的 XEagle Sport 无人机（如图 1-33 所示）正是为了航拍而生的，人们在使用这款无人机航拍时，完全不必用到自己的双手，同时也不需要其余的无人机操作员帮助航拍。用户只需要通过配套的智能手表来控制无人机的升降，以及其他各种操作即可。或者说，在"会飞的相机"这一层面，XEagle Sport 可以做到"傻瓜级"。

图 1-33

　　和航拍技术一样，投递功能也是民用无人机的技术方向之一，但目前存在着提高载荷和精准投放等技术难题。虽然目前已经开展了无人机送货试验，例如京东在江苏宿迁送出了无人机配送试运营的第一单，顺丰也已经在广东省东莞市进行了无人机测试。不过，它们都是围绕着重量很轻的小型包裹做文章，而且续航时间普遍较短。真的想要依靠无人机替代快递小哥送货，恐怕还要等一些时日。

　　而通信中继功能（也就是利用高空无人机为世界偏远地区提供互联网接入服务）则是一项概念功能。美国的 Facebook 公司日前对外展出了一款名为 Aquila（天鹰）的太阳能无人机（如图 1-34 所示）。Aquila 由工程师耗时 14 个月制造而成，重约 880 磅（约 400kg），翼展 42m，飞行高度将达到 20~30km，可一次在空中飞行 90 天。它可以通过激光通信、传输无线网络，使全球数十亿用户实现高速互联网接入。不过，在正式投入使用之前，这些设想听起来未免有些"天方夜谭"的感觉。

图 1-34

　　看到无人机这些先进的功能，你不禁会发出疑问：是不是只有国外的无人机才能做到？答案当然是"不是"。与传统的制造业不同，中国制造的无人机在国际上可谓扬眉吐气。据统计，世界上 90% 以上的无

人机产品是从深圳运往全国甚至全球的，特别是消费级无人机。中国深圳作为全球无人机产业的集散地，已成为名副其实的全球无人机之都，如图1-35所示。

图 1-35

第 2 章

无人机的构造系统

　　无人机的发展已经成为全球性热点，大到军事探测，小到私人摄影，到处都有无人机的身影。而当下的无人机在外形上也大幅度地超越了传统的飞机和直升机，有各种千奇百怪的造型，如类似直升机的多旋翼无人机、类似隐形飞机的飞翼无人机、类似昆虫的扑翼无人机，以及其他难以分类的无人机等，如图 2-1 所示。

图 2-1

　　但无论是哪一种类型的无人机，都有相似的结构特征，也都由一套完整的系统构成，其中便包括了地面装置。因此，仅将"无人机"的概念限定在飞机自身，这种认知是错误的。本章将一一为读者介绍无人机的结构组成部分。

2.1　无人机的大脑：飞行控制系统

　　飞行控制系统又称为"飞行管理与控制系统"（Flight Control System，FCS），简称"飞控系统"，也叫"自动驾驶仪"，是无人机完成起飞、空中飞行、执行任务和返场回收等整个飞行过程的核心系统。"飞控系统"对无人机的稳定性、数据传输的可靠性、精确度、实时性等都有重要影响，对其飞行性能起决定性的作用。

　　如果无人机没有"飞控系统"，那就是一个纯粹的玩具航模飞机，如图2-2所示。作为业余爱好者使用的航模飞机一般都没有"飞控系统"，采用纯手工方式操纵飞机，虽然也能飞行，但飞不远，完全靠视觉来判断模型飞机的姿态状况，最远也只能控制100~200m的肉眼可视距离内的飞机模型。另外，航模飞机的操纵技巧需要经过一定时间的训练，普通的人至少需要培训3~4个月才能操纵，是否能培养出来都是一个未知数。因此对企业来说，培训航模人才的成本很高。

图2-2

　　因此，除非一些特殊的艺术类航拍飞机不需要"飞控系统"，其他的无人机用途只有安装了"飞控系统"才有实用价值。所以自动化控制的"飞控系统"对于无人机来说是不能缺少的。好的"飞控系统"，还会搭配不少其他的功能，方便控制者进行复杂的运动。

　　不同类型的无人机，有不同形式的"飞控系统"，本节只介绍民间市场上最为常见的多轴飞行器的"飞控系统"。该种"飞控系统"主要由主控器、传感器、GPS天线以及电子罗盘组成，周边还会有电源控制模块、LED提示灯、蓝牙连接模块等，如图2-3所示。分别介绍如下。

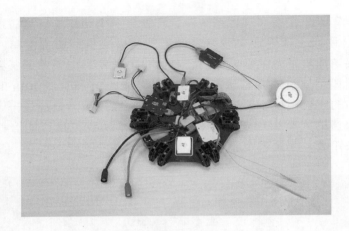

图 2-3

2.1.1 主控器

主控器是指在一个智能控制或自动化控制系统内具有系统数据处理、通信连接和集中控制能力的中央控制设备,又称为"自动驾驶仪",如图 2-4 所示。

图 2-4

对于无人机来说,主控器的关键是内置的芯片。以前无人机最大的矛盾是一方面需要运算高速度,另一方面需要体积微型化,之所以无人机在巡航速度和范围方面很长一段时间没有突破,就是因为始终受限于

"飞控系统"的性能，而"飞控系统"的性能又受限于芯片的技术。这个问题真正得到解决是在嵌入式芯片飞速发展之后。2005 年之后，随着微电子技术的飞速发展，许多芯片开发公司设计出了众多功能强大，功耗、体积大大缩小的嵌入式计算机芯片。

从外观上来看，这种芯片就是一块或两块印制电路板，每块电路板具备前文中提到的功能。"飞控系统"包括一个主信息微处理器、三轴陀螺仪和若干接口，如图 2-5 所示。但既然号称是"无人机的大脑"，那么，其内部自然就有一台微型计算机之类的东西来控制飞机，可事实上现在的"飞控系统"内部除了一些传感器外，便是多块单片机，并不是所想象的那么高科技。接下来便对其中几个重要的组成部分进行说明。

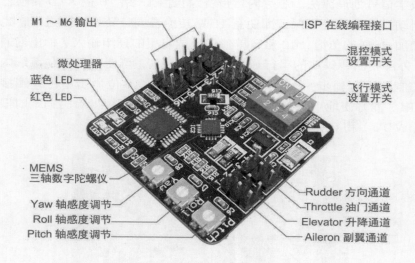

图 2-5

1. 微处理器

在经历了早期的遥控飞行后，目前无人机的导航控制方式已经发展为自主飞行和智能飞行。导航方式的改变对飞行控制处理器的精度提

出了更高的要求。随着小型无人机执行任务复杂程度的增加，对"飞控系统"处理器运算速度的要求也更高。而小型化的要求对"飞控系统"处理器的功耗和体积也提出了很高的要求。高精度不仅要求处理器的控制精度高，而且要求能够运行复杂的控制算法，小型化则要求无人机的体积小，机动性好，进而要求控制处理器的体积越小越好。

而在众多处理器芯片中，最适合小型"飞控系统"的芯片当属某仪器公司的 TMS320 LF2407 DSP 芯片，如图 2-6 所示。这种芯片的运算速度以及众多的外围接口电路很适合用来完成对小型无人机的实时控制任务。它的内部采用了程序和数据分开的结构，并具有专门的硬件乘法器，采用流水线操作，提供特殊的 DSP 指令，可以快速实现各种数字信号处理算法。芯片内自带资源包括 16 路 10 位 A/D 转换器且带自动排序功能，可保证即使有 16 路转换在同一转换期间进行，也不会增加 CPU 的负担；40 路可单独编程或复用的通用输入 / 输出通道；5 个外部中断；集成的串行通信接口（SCI），可使其具备与系统内其他控制器进行异步（RS-485）通信的能力；16 位同步串行外围接口（SPI）能方便地用来与其他的外围设备通信；还提供看门狗定时器模块（WDT）和 CAN 通信模块。

图 2-6

2.MEMS 三轴数字陀螺仪

三轴数字陀螺仪中的"三轴"指的就是飞机左右、前后、垂直方向这三个轴，一般都用 X、Y、Z 轴来代表。左右方向在飞机中叫作"横滚"（即图 2-5 中的 Yaw 轴感度调节）；前后方向在飞机中叫作"俯仰"（即图 2-5 中的 Pitch 轴感度调节）；垂直方向就是 Z 轴（即图 2-5 中的 Roll 轴感度调节）。

而"陀螺仪"则是用来维持内部稳定的装置。最早的陀螺仪是一个高速旋转的陀螺，通过 3 个灵活的轴将这个陀螺固定在一个框架中，无论外部框架怎么转动，中间高速旋转的陀螺始终保持一个姿态，如图 2-7 所示。通过 3 个轴上的传感器就能够计算出外部框架旋转的度数等数据。

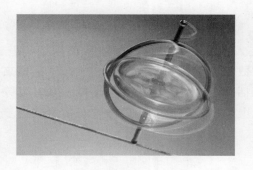

图 2-7

提示：MEMS（微机电系统，Micro-Electro-Mechanical System），也叫作微电子机械系统、微系统、微机械等，是在微电子技术（半导体制造技术）基础上发展起来的，融合了光刻、腐蚀、镀膜、LIGA、硅微加工、非硅微加工和精密机械加工等技术制作的高科技电子机械器件。

陀螺仪可以测量每条轴线上的旋转角速度，还可以确定无人机的空中位置以及平衡外部气流干扰。由于成本高、机械结构复杂，现在的机械陀螺仪已经被电子陀螺仪代替了。电子陀螺仪的优势就是成本低，

体积小重量轻，只有几克重，如图 2-8 所示，稳定性还有精度都比机械陀螺仪高。电子陀螺仪除了用于无人机之外，在智能手机、数码相机等智能硬件上也有广泛应用。

图 2-8

2.1.2 传感器

为了确保无人机的飞行稳定，操控人员需要与普通飞机的飞行员一样掌握必要的数据，而这些数据将通过飞行传感器来接收。传感器可以接收的数据包括加速度、速度、飞行高度、倾斜度等，然后将其转换为电流传输到机上的计算机中。随着微电子技术的进步，部分传感器的大小仅有几毫米，如图 2-9 所示。

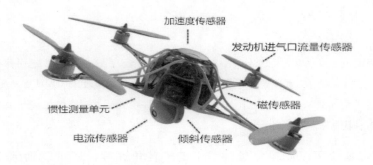

图 2-9

事实上，传感器技术对无人机的反馈，直接决定了无人机移动的灵活性和飞行的准确性。传感器系统为无人机的自主导航提供重要的位置、速度、姿态等数据信息，其采集数据的准确性对自主导航效果有重大的影响。目前已有越来越多各式各样的传感器被集成到无人机中，包括加速度传感器、压力传感器、空气速度传感器、位置传感器等，下面便对一些主要传感器及配件进行说明。

1. 加速度传感器

也称为"MEMS 加速度传感器"，如图 2-10 所示。这是很多无人机的标配，主要用于确定位置和无人机的飞行姿态，在维持无人机飞行控制中起到关键的作用。它通过多种方式感知运动姿态，甚至能够感知到微型集成电路的微小运动，然后改变电路结构中电流的移动，从而指示与重力有关的位移变化。

图 2-10

2. 压力传感器

压力传感器用于控制飞行高度，更准确地说是无人机相对于出发点的高度。这种传感器的运行原理为：高度每升高 30m，大气压下降千分之一。

3. 空气速度传感器

空气速度传感器测量无人机相对于空气的速度，而非相对于地面的速度。其工作原理是计算出空气进入一个被称为"皮托管"的小管子

而导致的静压与动压的压力差。这根管子要放置在面对相对风的方向，例如一侧机翼的前缘或机身前方。与正常体积的飞机一样，无人机在飞行前一定要检查皮托管，确保没有堵塞，否则会致使数据错误，在飞行过程中有可能出现坠机事故。

4. 位置传感器

用于确定自己在空间中的位置和相关的状态，是实现稳定飞行以及控制飞行轨迹的必要前提。无人机要保持平稳飞行，需要实时监测三维速度、三维加速度和三维角速度等 15 个状态。以前，人们用惯性测量元件来测量这些物理量，但由于惯性测量元件自身的缺陷，导致测量结果偏差很大。后来，人们在惯性测量元件的基础上，加上 GPS、气压计和地磁指南针等创造出了目前的组合导航技术元件，如图 2-11 所示。

图 2-11

5. 电流传感器

主要用于监测和优化电能消耗，确保无人机内部电池充电和电动机故障检测系统的安全，其外形如图 2-12 所示。电流传感器可以通过测量电流提供电气隔离，以减少电能损耗和消除电击损坏用户系统的机会。同时，具有快速的响应时间和高精度的电流传感器，还可以优化无人机电池的寿命和性能。

图 2-12

6. 角速率传感器

也是飞控系统的基本传感器之一，用于感受无人机绕机体轴的转动角速率，以构成角速率反馈，改善系统的阻尼特性、提高稳定性。另外，姿态传感器用于感受无人机的俯仰和滚转角度，航向传感器用于感受无人机的航向角等。

7. 惯性测量元件

它是一种能够测量自身三维加速度和三维角速度的设备，如图 2-13 所示。人体内也有惯性测量元件，例如人的耳蜗充满液体，人运动的时候这些液体有惯性，可以被耳中的神经感受到，因此测出了运动的加速度。然而人的惯性测量元件非常差，闭上眼睛，也不摸周围的东西，只靠耳蜗感受的移动中，人基本无法走直线。在 GPS 发明之前，人们单纯使用惯性测量元件确定位置方向，效果是很差的。譬如早期的导弹，虽然都装着一个精密的惯性测量元件，也能通过它测量导弹的 15 个状态量，然后控制导弹飞越海洋和大洲。然而，这种惯性测量元件会在测量的过程中慢慢累积误差。即便是价值几百万的惯性测量元件，在飞行几万千米后都会积累十几米到几千米的误差，可是这样误差水平的导弹在 20 世纪中期已经非常了不起了。

图 2-13

不过，组合导航技术也存在问题。例如 GPS 信号只有在开阔的空间内才能给出比较好的测量值，因为 GPS 接收机需要从天上的卫星处获得信号，这些信号要从太空传入大气层。这么远的距离，信号已经相对很微弱，所以必须要求接收机和卫星之间的连线上没有遮挡。一旦有建筑甚至是树木的遮挡，卫星发下来的信号就有噪声，GPS 接收机就不能给出很好的位置和速度观测。在室内环境中，GPS 甚至完全不能使用。组合导航技术要想进一步发展，就需要寻找不依赖 GPS 的传感器。

目前科技领域比较热门的视觉感知系统，就被看作是 GPS 的补充。它的原理是利用一个或者多个相机构成的视觉传感器系统，通过二维的相机图像推算出视野中物体相对于视觉传感器系统几何中心的运动信息。现在的科学家正在努力把视觉感知系统和组合导航融合起来，GPS 信号质量高的时候用 GPS 组合导航，没 GPS 的时候用视觉感知系统替代。

8. 电子罗盘

电子罗盘沿着 3 条正交轴线测量地磁场强度。罗盘测算北磁极与地理北极之间的磁偏角后，对磁偏角进行补偿，并指出正确航向。

由于电子罗盘体积小、质量轻，并能输出飞行器俯仰、航向、滚转三个方向上的姿态数据，能满足无人机飞行导航系统的要求。为了使电子罗盘的输出能配合飞行导航系统的工作，对其接口电路进行了设计，

以提高无人机的导航精度，如图 2-14 所示。

图 2-14

2.2　无人机的躯干：飞行平台

　　飞行平台（Flying platform）是指在大气层内或大气层外空间飞行的各种载体的统称，也就是无人机的承载平台。通俗地说，飞行平台就好比是无人机的"躯干"，是外观上最为直接的机体，如图 2-15 所示的六旋翼无人机，其外观机体便是一个完整的飞行平台。要知道，所有飞行设备都是用机架承载起来飞上天的，所以无人机的机架好坏，很大程度上决定了这架无人机好不好用。

图 2-15

飞行平台同样也是无人机的一个分类标准，按照这个类别，无人机分为固定翼无人机、多旋翼无人机、无人直升机、伞翼无人机、扑翼无人机和无人飞船等。其中固定翼无人机是军用无人机的主流平台，最大特点是飞行速度较快；多旋翼无人机是消费级和部分民用用途的首选平台，灵活性介于固定翼无人机和无人直升机中间，但操纵简单、成本较低；无人直升机是灵活性最强的无人机平台，可以原地垂直起飞和悬停。接下来，我们就详细介绍这几种飞行平台。

2.2.1　固定翼无人机

固定翼，即指机翼固定不变，从外观上看来与常规的飞机类似，如图 2-16 所示。和飞机一样，固定翼无人机也包括以下组成部分：机翼、机身、方向舵和尾翼。固定翼无人机依靠螺旋桨或者涡轮发动机产生的推力作为向前飞行的动力，然后凭借机翼承受的相对风（相对风是由运动本身产生的风）产生足够的升力。所以，固定翼无人机也就必须要有一定的无空气的相对速度才会有升力来飞行。

图 2-16

基于这个原理，固定翼无人机起飞的时候需要助跑，因此一般固

定翼无人机会有起飞用的辅助装置，如图 2-17 所示，而降落的时候必须要滑行。也正是由于它的起降限制多，又不能悬停，并且巡航条件下速度快、要求高度高，所以不管是伞降、撞网还是滑跑降落都比较危险。由于上述缺点的存在，目前固定翼无人机在民用领域的应用不多。

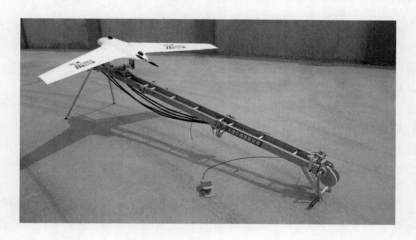

图 2-17

不过，在另一方面，它飞行速度快、续航时间长、飞行效率高、运载能力也很强，而且飞行过程非常安全，又是自稳定的（飞行的气流会让其更平稳）。所以有大航程、高高度的需求时会选择固定翼无人机，例如电力巡线、公路的监控、大范围的地图测绘等。

固定翼无人机又可以细分为两大类，即传统外形的无人机和样貌新奇的飞翼无人机，分别介绍如下。

1. 传统外形的无人机

传统外形的无人机结构包括机翼、方向舵和尾翼，外形酷似滑翔机，机翼和机身均比较纤细，因此重量较轻，续航能力也很强，每次飞行的距离可达 100km 以上，擅于执行沿直线飞行的观察任务，像利用太阳能的高级无人机 Puma AE 便是该种类型。

这种无人机的尾翼很薄，所以比较脆弱，往往呈现 T 字形（竖直翘起）或者 V 字形（尾部开岔）。此类无人机通常属于高机翼无人机，也就是机翼位于机身之上，这种设计让无人机的重心降低，稳定性增强。它的另一个优点是在降落时，能让相对坚固的机身率先触地，从而避免损伤脆弱的机翼部分。

传统外形的无人机配备多重控制系统，包括升降舵、副翼等，如果其中一项出现故障，仍可以继续保持飞行。如果升降舵无法使用，则可以用引擎转速代偿，引擎开足马力，飞机上升；引擎功率降低，飞机下降。如果一个或者几个副翼不能使用，可以用方向舵代替。引擎安装在机身靠前的位置，其优势在于可以"吹动"机翼和尾翼，即使在速度较低的情况下，仍能保证对无人机的有效控制，并确保一定的升力。不过，这种设计容易让引擎受损，这是该无人机受人诟病的一点。

传统外形的无人机擅长直线飞行，只要在几套操作系统（副翼、方向舵、升降舵）上持续施加微弱的力，无人机就能够转弯，但不足之处是转弯半径较大。当飞机侧方遇到风时，这一特点就构成了传统外形无人机的重大缺陷：偏离航线，而且需要相当长的时间才能使其回到原来的航线上。

飞遍全球的太阳能无人机 Puma AE

目前，民用无人机续航能力有限，是整个行业的痛点，也是世界性的难题。现在一般消费级的多旋翼无人机，续航时间普遍不超过30min。而耗能更小的固定翼无人机，续航也仅仅一个小时多一点。要知道，在电池技术突飞猛进的今天，消费者对短短的一个小时肯定不会满足。科研人员们除了从电池及芯片优化入手，发展远距离无线充电技术之外，还将目光投向了新能源——太阳能。

的确，翱翔在天空中的无人机，可谓是彻底沐浴在阳光之下，如果不将太阳能加以利用一番，未免有些可惜。太阳能无人机需要攻克的关

键技术主要有两个，一是要有效地将太阳能收集起来，并高效地转换为电能，太阳能无人机主要在20~30km高空飞行，仍然是在大气层内飞行，阳光虽然比地表强烈得多，但仍然受到大气影响，比外层空间弱得多，如图2-18所示。要想在这种条件下收集太阳能，必须要有高效的太阳能电池；二是解决夜间和太阳光微弱时的能源供应，太阳能无人机需要在空中飞行几个星期甚至几个月，经常会在夜间飞行。另外如果飞行高度不高，也可能遇到云对阳光的遮挡，阳光将很弱。如何解决在夜间和微光时的能源问题，是太阳能无人机必须解决的另一个技术问题。

图 2-18

不过，最近由美国航空环境公司（AeroVironment）推出的加强版"美洲狮"无人机（Puma AE），预示着太阳能无人机迈上了一个新台阶。据介绍，升级后的Puma AE重6.1kg，飞行速度范围在37~83km/h，航程为15km，电池中具有超薄砷化镓太阳能电池设备，砷化镓太阳能电池可以产生足够的发电量供飞机进行远距离飞行。在一次测试中，它竟在空中持续飞行了9h。比起依靠燃料电池供电的无人机，Puma AE的续航时间长了6h。不过，由于Puma AE是防水无人机，而且几分钟

即可组合完毕，手抛起飞，回收时可以降落在水中，因此，最开始即被军方垄断使用。

早在 2008 年，Puma AE 的初代产品出现之后，美国军方就用它来截取情报、监视和侦查行为。除了纯粹的军事侦查之外，Puma AE 也被运用于一些科研项目。譬如美军每年都会前往南极麦克默多站，为美国国家科学基金会的南极研究中心运送补给品。以前，都是由"北极星"破冰船带着食物、能源及其他补给品来到目的地。在恶劣的自然环境下，每次执行补给任务都是一场"冒险之旅"。不过在 Puma AE 出现之后，就大大减少了补给人员面临的风险。它可以轻松地从"北极星"上起飞，等到飞到空中之后，它会向破冰船传回彩色、红外视频并提供激光照明来帮助船员在危险水域获得向导并将风险最小化，同时还能避开高昂的直升机探路成本。这时的 Puma AE 真像一位尽职的"领航员"（如图 2-19 所示）。

图 2-19

其实，Puma AE 无人机已经在多个领域得到应用，如石油泄漏监测、野生动物监测、公路与管道测量等。而且，在 2013 年美国批准了手持发射无人机系统进行商业任务，为 Puma AE 飞向全球扫除了阻碍。AeroVironment 高级副总裁就表示："这将是一个关键的里程碑，在许多需要用到小型无人机的方面，例如军事、公共安全、商业客户等都

极有前途。尤其是客户可以利用超长的飞行时间打造一个低成本的飞行系统，利用它的灵活性做一些特别的商业活动。"

不过，目前的 Puma AE 并非尽善尽美，它仍处于研究和升级阶段。在以后的试验中，它将在北极地区进行试飞，来进一步检验它的安全性能。而且 AeroVironment 公司下一步计划测试体形更大的 Puma AE，目标是使它的飞行续航能力再提高 2~3 倍。到那时，Puma AE 就可以真的飞遍全球了。

2. 飞翼无人机

飞翼无人机的外形极为简洁，外观充满科技感，同传统外形的飞机类型颇有相似之处，像瑞士专业无人机制造商 SenseFly 出品的农用无人机 eBee，在外形上就像极了美国的 B2 隐形轰炸机，如图 2-20 所示。

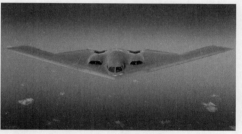

eBee   B2

图 2-20

飞翼无人机的外形很稳定，不需要方向舵和尾翼，其导向装置、升降舵（控制高度）以及每侧机翼上的升降副翼能够保证在倒飞时转弯，或在正飞时升降。由于飞翼的厚度通常不足以安装所有的组件和任务挂载，飞翼无人机上通常配备小巧的相机或者其他设备。

飞翼无人机没有方向舵和尾翼，所以很容易收纳在扁平的提箱里。此类无人机易于操作，即使在有阵风的情况下也同样适合沿既定航空路

线飞行。飞翼无人机的厚度通常也较厚,因此结构坚固,在不追求长时间续航能力的情况下,应用颇为广泛。

2.2.2 旋转机翼无人机

固定翼无人机操作相对较难,不如多旋翼好上手,因此消费级无人机之王,还要数旋转机翼无人机。旋转机翼能够把空气向下方吹动从而产生升力,旋转机翼无人机有两种类型:传统的可变桨距无人机以及新近出现且备受欢迎的固定桨距多旋翼无人机。

1.可变桨距无人机

在电动推进装置出现之前,旋转机翼无人机领域始终是可变桨距无人机的天下,通过改变主螺旋桨两片桨叶之间的桨距控制飞机起飞或降落,依靠调整主螺旋桨的一个桨叶控制飞机的俯仰、侧摆。可变桨距无人直升机外形与传统的直升机相似,如图2-21所示为X-copter。

图 2-21

新型变桨距飞行器的控制输入是通过调节桨距大小引入的,相比传统四旋翼模型通过变转速引入控制量,它的优势主要体现在以下3方面:

※ 通常运行状态下旋翼转速基本恒定，桨距调节的拉力响应比转速调节更迅速。

※ 大角度情况下，为保证升力和控制的有效性，传统四旋翼必须以高转速运行。控制成本和设备损耗迅速增加，而变桨距四旋翼则不需要额外的输出成本。

※ 特殊情况下，变桨距无人机的安全性能更高。当无人机横滚角度增大并跨越 90° 时，变转速四旋翼高速下的惯性效应会造成控制失效，甚至导致发生危险，而转矩调节的快速响应则可保证各种情况下控制的可靠性。

大角度机动的情况下，变桨距无人机相对于传统的变转速飞行器具有明显的优势。另外，变桨距无人机的控制输出方案可以与变转速控制方案形成冗余，从而大大提高系统安全性。无论从变桨距无人机的机动性还是灵活性考虑，该类飞行器的发展应用前景都十分广阔。

2. 固定桨距多旋翼无人机

多旋翼无人机出现在 21 世纪初，依靠对若干旋翼的速度调整实现无人机的悬停、前进动作。引擎和直接安装的螺旋桨是唯一可以活动的部件。使用这种无人机需要对旋翼旋转进行精准的同步调制，只有电动机才能完成这个任务。

在 2010 年之前，固定翼无人机无论在航拍还是航模运动领域，都占有绝对主流的地位。然而，在之后的几年中，因优良的操控性能，多旋翼无人机迅速成为航拍和航模运动领域的新星，但仍然需要专业人员调试或装配飞机。2012 年底，我国的大疆创新推出了四旋翼一体机——小精灵 Phantom，如图 2-22 所示，产品的卓越性能极大地降低了航拍的难度和成本，赢得了广大消费群体的青睐，成为迄今为止最热销的无人机产品。在之后短短两年间，围绕着多旋翼飞行器的相关创意、技术、产品、应用和投资等新闻层出不穷，以至于许多新手均以为"无人

机就是这种多旋翼的样子"，为打开民间市场立下了开创之功。

图 2-22

多旋翼无人机的底架由几条支撑杆和一个中心部分组成，外形如同蜘蛛。支撑杆末端支撑引擎和螺旋桨。这些支杆是中空的细管，由轻质材料碳纤维、玻璃纤维、铝纤维制成，细管的截面可以是正方形或圆形。截面是圆形的细管，需要很重的固定装置。这种细管在受到撞击时，部件之间即便出现一定间隙，仍能正常工作，所以，一旦出现坠机的情况，截面呈圆形的支撑杆让无人机结构更耐撞击。

多旋翼无人机底架由碳板和垫片构成，形成分为几层的罩壳，容纳所有重要组件，包括无线电接收器、遥测发射器、视频发射器、机载计算机、传感器、飞行用电池、吊舱、实用载荷、配电器、电子稳定控制系统（ESC），所有组件都可以通过螺钉、螺栓组装起来。这一结构可塑性极强，可以根据需要任意增加层数而不会引起太大的空气动力学问题。因此，悬停飞行是多旋翼无人机的一大特点。高级多旋翼无人机会采用穹顶式盖帽，起到防水和防尘的作用，同时使飞机更美观，从空气动力学角度看，也更加科学、合理。当然，这种情况下，无人机负载也会相应增加。

一架无人机配备 3 合、4 台、6 台甚至 8 台引擎……这些念头都不再是幻想，只要在自动驾驶仪程序中调整管理的引擎数量就可以实现。多台引擎能够保证更大的升力，因此，无人机在使用标准引擎和螺旋桨的情况下，能够承担更大的实用载荷。理论上，多台引擎还可以增加稳定性、增强底架强度、提高自动驾驶质量，同时无人机的惯性也会增大。可拆解部件减少，降低了发生故障的风险，所以，引擎数量的增加还提高了安全性。六旋翼无人机和八旋翼无人机在一台引擎缺失的情况下仍能继续飞行，因为其他引擎在某种程度上可以起到代偿作用。

各类多旋翼无人机的分支类型总结如下。

四旋翼无人机

在旋翼无人机家族，以四旋翼为最主流，该类型是最受欢迎的娱乐用无人机，良好的操作性能够让无人机做出各种花哨动作。四旋翼无人机的旋翼对称分布在机体的前、后、左、右四个方向，4 个旋翼处于同一高度平面，且 4 个旋翼的结构和半径都相同。4 个电动机则对称地安装在飞行器的支架端，支架中间空间安放飞行控制计算机和外部设备，如图 2-23 所示，4 个旋翼中的旋转方向两两相反，呈对称分布。

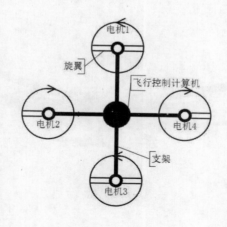

图 2-23

　　四旋翼无人机以及多轴无人机都通过调节电动机转速来改变旋翼转速，实现升力的变化，从而控制飞行器的姿态和位置。四旋翼无人机是一种六自由度的垂直升降机，但只有4个输入力，同时却有六个状态输出，所以它又是一种欠驱动系统。因此四旋翼无人机在做不同的飞行动作时，它的4个电动机并不是按照同一方向运转的，这就出现了一个有趣现象——有的螺旋桨顺时针旋转，而有的却逆时针旋转。

　　四旋翼无人机的构造还是十分简单的，事实上，相对于固定翼无人机，多旋翼操控起来十分精准、容易。它的操控原理简单，操控器的4个遥感操作对应飞行器的前后、左右、上下和偏航方向的运动。在自动驾驶仪方面，多旋翼自驾仪控制方法简单，控制器参数调节也很简单。一般人练习一段时间之后就能熟练操作。

六旋翼无人机

　　六旋翼无人机（6台引擎、6条机臂）是专业摄影师的最爱，因为搭载1kg以内的实用载荷也不会占用太大的空间，而目前全帧的单反相机其重量也恰好不足1kg。大疆创新后来推出的"筋斗云"（Spreading Wings）S900，便是该类无人机的典型代表，如图2-24所示。

图 2-24

八旋翼无人机

这种无人机是民用无人机中的"重型运输机"，其实用载荷可达2kg，但是其体积巨大而笨重，对于无人机玩家来说并不是一个很好的选择。而且八旋翼无人机在使用时很难运输与展开，只能拆开分解，然后再进行组装。

不过，由于其巨大的载重量八旋翼无人机可以胜任一些对于无人机来说比较新奇的工作，而不仅仅局限于摄影。像"无人机送快递"这种天马行空的主意，如果使用八旋翼无人机来做，至少在理论上是可行的。网络巨头亚马逊看上了这个创意，并已经推出了他们自己的无人机运输系统——Prime Air，接下来便通过一个事例来详细介绍。

第一款快递无人机——亚马逊 Prime Air

"天上掉馅饼"这句话多是用来调侃那些不劳而获的人的，不过，亚马逊公司推出的 Prime Air 无人机，如图 2-25 所示。它可以进行空中送货，使"天上掉馅饼"成为可能。

图 2-25

可以想象一下，某天你正在家看电视，忽然手机上来了一条消息："Hi~，你在亚马逊上买的商品将于10min内送达，请打开窗户或者到

阳台处接收货物"。几分钟后，一架小型旋翼飞机悬停在你家阳台，将快递交到你手中。整个过程省去了你上楼下楼的时间，同时也免去了快递小哥在拥堵道路上的送货成本，要知道物流的"最后一千米"是整个流程里面成本最大的一个环节。

亚马逊率先使用无人机送货，为解决"最后一千米"提供了新思路。亚马逊CEO贝索斯介绍Prime Air时说："有了这架无人机，网购者在亚马逊上买的东西最短可以在半小时内送达。它的载重能力约2kg，而86%的网购商品重量在这个数值以下，续航10km，配合亚马逊遍及全国的物流和仓储系统，覆盖范围十分可观。"然而，在2013年，亚马逊提出Prime Air计划时，曾被许多人认为是一个天大的玩笑。

不过，科技的前进步伐不会因人们的怀疑而止步。2015年，亚马逊公司对外展示了Prime Air快递无人机的升级版本，如图2-26所示。升级后的亚马逊Prime Air快递无人机采用了混合设计，即部分采用直升机设计，部分采用固定翼飞机设计，使其外观看上去比此前版本的体积更大。因此，亚马逊新版Prime Air无人机不再仅仅是一款四轴飞行器，虽然依旧采用垂直方式起降，但随后可以切换至正常的水平飞行模式，这样可以使整个飞行过程更有效率。

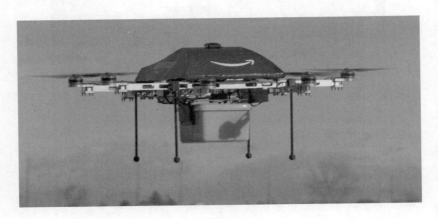

图 2-26

　　而且，升级后新版 Prime Air 飞行范围得以扩大，预计续航里程可以达到 24km，最高时速可达 88.5km/h。

　　此外，新版 Prime Air 还新增了"感知和规避"（sense and avoid）技术。这项技术保证了 Prime Air 一旦抵达预定地点，将会对降落区域进行扫描并寻找降落地点。从目前来看，这似乎需要接收快递的客户在自家院子里的某个点上做标记，例如画上一个亚马逊的 logo，便于 Prime Air 无人机识别、降落。

　　这项设计使 Prime Air 快递无人机能够实现高效率的远距离飞行，并以安全、快捷的方式直接起降。亚马逊公司的一位负责人对消费者许诺："某天，你会看到我们的 Prime Air 快递无人机，就像看到路上的快递卡车一样正常。"

　　不过，亚马逊的目标显然没有止步于此，Prime Air 副总裁古尔·金奇甚至说："在不违背物理定律的情况下，Prime Air 正努力地接近于现实版的瞬间移动。"

　　不过，作为第一款快递无人机，Prime Air 难免树大招风，引来众多竞争对手。例如谷歌公司在 2011 年就已经秘密研究用于送货的无人机，这个神秘的研发项目名称叫 Project Wing，由谷歌的神秘部门 Google X 来完成。2014 年 8 月，Project Wing 也进行了试飞，它是一种固定翼与直升机的复合体，同时具备了垂直起降和水平巡航，以及悬停的能力，这一点对投送物品是非常有利的——因为固定翼的高效率与高速度可以减少配送时间并增大覆盖半径，直升机的垂直起降能力可以降低对起降场地的要求。看来，它注定是 Prime Air 的劲敌。

　　在国内，一些快递公司也开始了无人机送货的试验。如顺丰相关负责人就曾表示："由顺丰自主研发的'无人机'（如图 2-27 所示），采用八旋翼，下设载物区，飞行高度约 100m，内置导航系统，工作人员预先设置目的地和路线，'无人机'将自动到达目的地，误差在 2m 以内。"

图 2-27

　　不过，快递无人机虽然出现在大众视野中，但全面推向商用还需要时日。Prime Air 的总裁也承认："我们还需要改善无人机的技术，同时也需要等到 FAA（联邦航空局）的许可。"

　　对于消费级无人机，简单、易操作、到手能飞，是消费者很看重的体验。而且，多旋翼无人机的技术门槛和成本也让越来越多的无人机企业倾向于选择它。虽然多旋翼无人机目前还存在着续航能力差、载荷小等缺点，但随着电池能量密度的不断提升、材料的轻型化和机载设备的不断小型化，多旋翼的优势将进一步凸显。因此，在大众市场，"刚性"体验最终让人们选择了多旋翼。

　　目前，多旋翼已经成为微小型无人机或航模的主流。例如在 2015 年闭幕的中国国际模型博览会和农业展览会上，随处可见多旋翼无人机的身影。随着大疆无人机的走热、各种相关技术的不断进步、开源飞控社区的推动、专业人才的不断加入以及资本的投入等因素，多旋翼技术得到迅猛发展。

旋转翼无人机的发迹史

　　1907 年，法国的 Breguet 兄弟进行了他们的旋翼式直升机的飞行试验，这是有纪录以来最早的机型。第一架成功飞行的垂直起降型四旋

翼飞行器出现在20世纪20年代，但那时几乎没有人会用到它。1920年，E.Oemichen设计了第一个四旋翼飞行器的原型，但是在第一次尝试空运时就失败了。

随即，1921年B.G.De在美国俄亥俄州的美国空军部建造了另一架大型四旋翼直升机，这架四旋翼飞机除飞行员外可承载3人，原本期望的飞行高度是100m，但是最终只飞到5m的高度。E.Oemichen的飞机在经过重新设计之后，于1924年实现了起飞并创造了当时直升机领域的世界纪录，该直升机首次实现了14min的飞行时间。E.Oemichen和B.G.De设计的四旋翼飞行器都是靠垂直于主旋翼的螺旋桨来推进的，因此它们都不是真正的四旋翼飞行器。

直到1956年，M.K.Adman设计的第一架真正的四旋翼飞行器Convertawings Model "A"（如图2-28所示）试飞并取得巨大成功。这架飞机重达1吨，依靠两台90马力的发动机实现悬停和机动，对飞机的控制不再需要垂直于主旋翼的螺旋桨，而是通过改变主旋翼的推力来实现。然而，在1990年以前，惯性导航体积重量过大，动力系统载荷也不够，因此多旋翼设计得很大，不过由于大尺寸的多旋翼没有什么优势，在此之后的30年中，四旋翼飞行器的研发没有取得太大的进展，几近沉寂。

图2-28

20世纪90年代之后，随着微机电系统（MEMS， Micro-Electro-Mechanical System）研究的成熟，重量只有几克的MEMS惯性导航系统被开发运用，使制作多旋翼飞行器的自动控制器成为现实。此外，由于四旋翼飞行器的概念与军事试验渐行渐远，它开始以独特的方式通过遥控玩具市场进入消费领域。

虽然MEMS惯性导航系统已被广泛应用，但是MEMS传感器数据噪声很大，不能直接读取并使用，于是人们又花费大量的时间研究去除噪声的各种数学算法。这些算法以及自动控制器本身通常需要运算速度较快的单片机，可当时的单片机运算速度有限，不足以满足需求。接着科研人员又花费若干年研究多旋翼飞行器的非线性系统结构，并为其建模、设计控制算法、实现控制方案。因此，直到21世纪，真正稳定的多旋翼无人机自动控制器才被制作出来。

2006年，德国的Microdrones GmbH公司推出md4-200四旋翼系统，开创了电动四旋翼在专业领域应用的先河，并在全球专业无人机市场取得成功。与此同时，法国的Parrot公司也推出消费级的AR.Drone四旋翼玩具，如图2-29所示，从而开启了多旋翼消费的新时代。

图2-29

伴随着苹果在 iPhone 上大量应用加速计、陀螺仪、地磁传感器等，MEMS 惯性传感器从 2011 年开始大规模兴起，六轴、九轴的惯性传感器也逐渐取代了单个传感器，成本和功耗进一步降低，成本仅为几美元。另外 GPS 芯片仅重 0.3g，价格不到 5 美元。WiFi 等通信芯片被用于控制和传输图像信息，通信传输速度和质量已经可以充分满足几百米的传输需求。

同时，电池能量密度不断增加，使无人机在保持较轻的重量下，续航时间达到 15~30min，基本满足日常的应用需求。近年来移动终端同样促进了锂电池、高像素摄像头性能的急剧提升和成本的下降。这些都促进了多旋翼的发展。

2012 年初，大疆创新推出小精灵 Phantom 一体机。Phantom 与 AR.Drone 一样控制简便，初学者很快便可上手。

相比 AR.Drone 四旋翼飞行器，Phantom 具备一定的抗风性能、定位功能和载重能力，还可搭载小型相机。当时利用 GoPro 运动相机拍摄极限运动已经成为欧美年轻人竞相追逐的时尚潮流，因此 Phantom 一体机一经推出便大受欢迎。

2.2.3　无人飞艇

无人飞艇（如图 2-30 所示）是一种轻于空气的航空器，装有发动机作为推进装置。飞艇通常由艇体、吊舱、发动机和尾面 4 个部分组成。艇体为流线型，内部充填比空气轻的浮升气体，如氢气、氦气、热空气等，借以产生浮力使飞艇升空。吊舱位于艇体下面，供人员乘坐或装载货物。尾面起稳定控制作用，用来保持航向和俯仰稳定。它的升降调整有多种方法，如改变浮升气体量（放气或充气）；抛掉压舱物（砂或水）；利用艇体或其他翼面的气动升力改变推力的方向等。

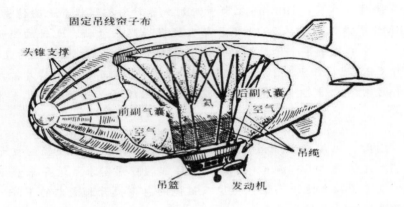

固定吊线帘子布

头锥支撑

后副气囊
空气

氢

前副气囊
空气

吊缆

吊篮　　发动机

图 2-30

　　无人飞艇按结构形式可分为软式飞艇、半硬式飞艇和硬式飞艇。软式或半硬式飞艇的艇体形状靠气囊内的气体压力维持，要求充气压力始终略大于外界大气压力，故又称为"压力飞艇"。硬式飞艇是由其内部骨架（金属或木材等制成）保持形状和刚性的飞艇，外表覆盖着蒙皮，骨架内部则装有许多为飞艇提供升力的充满气体的独立气囊（如图2-31所示）。

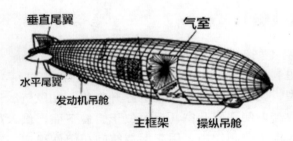

垂直尾翼　　　　　气室

水平尾翼

发动机吊舱

主框架　　操纵吊舱

图 2-31

　　无人飞艇相对于无人机来说，最大的优势就是它具有无与伦比的滞空时间。无人机在空中飞行的时间是以小时为基本单位来计算的（像

前文介绍的多旋翼无人机，最优秀的专业多旋翼无人机续航时间通常不超过 30min，而大多数多旋翼无人机的续航时间在 10min 左右），而飞艇则是以天来计算。1957 年 3 月，美国一艘 ZPG - 2 型软式飞艇（如图 2-32 所示）在一次飞行中创造了连续飞行 264.2h 的世界纪录，其总里程长达 15 200 km。

图 2-32

超长时间的滞空性，也为无人飞艇带来了最早的商业利益，因此无人飞艇也是无人机大家族中最早实现商业化的一种。飞艇的商业应用范围很广泛，可以用来空中监视、巡逻、中继通信、任务搭载试验、电力架线等，但更多的还是用于空中的广告宣传。

无人飞艇广告知多少

在商业竞争的推动下，作为宣传企业和产品的重要方式，广告要想很好地吸引消费者的眼球，就需要不断创新形式。为此，商家便在广告方式上大做文章，有的广告公司便把广告做上了天空。

在无人飞艇艇身发布广告是一个充满活力的广告概念，这种超大型户外广告媒体就像一个广告巨人漫步在空中，与众多的户外广告相比，它不受日益拥挤的地理位置的限制，让广告形象由静而动，由平面到立

体，迅速、有效地成为公众瞩目的焦点，成为城市上空流动的广告牌，自这一独特的巨型户外广告媒体出现以后，强视觉冲击的媒体效果充分展现了其非凡的气势与实力，得到了众多商家的一致认可，成为户外广告的巨无霸。

飞艇广告适用于多种场合，如奠基仪式、工程竣工、纪念日活动、大型庆典活动、大型文娱活动、彩票抽奖、各种比赛表演、各种展览会、展销会，以及企业或产品的主题宣传等，尤其可为大型企业做长期形象推广的加强记忆型广告。

目前，很多知名的大公司都将飞艇等作为重要的宣传手段，并都取得了理想的效果，诸如万达、一汽大众、苏宁易购等更是数次选用飞艇的广告形式，如图 2-33 所示。在每次的世界性大集会、赛事中都处处可见飞艇的雄壮身姿，足见飞艇广告在户外媒体中的重要位置。而这种广告效果，绝非前文介绍的多旋翼无人机可比。

图 2-33

既然应用如此广泛，那么飞艇广告拥有哪些优势呢？具体可以总结为如下 7 点。

※ 具有新颖、刺激、轰动的广告效应。据研究机构调查，城市中有 38% 的人群曾经看到过飞艇广告的发布，它的发布可以产

生新颖、刺激、轰动的广告效应。飞艇庞大的身躯配合超低空、超低速、空中悬停、夜晚发光等特效，使它产生强大的视觉冲击力，快速、高效地提升企业创新、卓尔不群的形象，成为城市中的一道亮丽的风景。

※ 覆盖范围广。飞艇航行辐射范围较广，最佳的广告飞行高度在300m以下，若天气情况良好，在静止的状态下，飞艇广告范围可以覆盖的半径约为5km。

※ 时效性强。能随时随地出现在比赛、晚会、礼仪庆典、盛大游行活动等重要场合，以及广告主指定的其他发布位置。

※ 效果明显。载人飞艇的艇长可达40多米，最大直径可达10多米，飞艇两侧一般都有大幅广告发布面积，广告内容清晰可见，尤其在周末非工作时间，媒体留意率更高，这些优势是其他户外媒体所不具备的。

※ 抗干扰性强。飞艇能在城市的上空定点飞行，独特的飞行空间，易于被受众发现，可以巧妙地避开地面传统的媒体投放圈，凌驾于其他广告之上。

※ 到达率高，二次传播效益明显。我们按一个一线城市市区人口为500万人计算，其中有10%的人看到了广告发布，那么它的直接广告到达人数为50万，加之每个人回去后与身边的2~3人闲聊谈及的二次传播效益，那么一次飞行的广告传播人数至少为150万，二次传播效益与其他电视、报纸等传统媒体相比有着绝对的优势。

※ 互动增值。飞艇可提供空中电视直播平台等，增加广告的附加值。飞艇广告媒体得天独厚的媒体优势本身就具有轰动的广告和新闻效应。

在艇体绘制图形或悬挂广告幅，在人群密集地区低空巡行，追逐

人群，日夜兼航，使广告内容瞬间传入百万人群的眼球，深植人心，使之久久不忘，效果超凡。此外，飞艇也可以用作运输工具，可以在铺设管道、吊运大型设备和架设高压线塔中大显身手。在不久的将来，无人飞艇很可能在森林防火、海洋调查、地质勘探、环境监测、通信转播、海上巡逻及反潜等众多领域内受到重用，如图 2-34 所示。

图 2-34

2.2.4　伞翼无人机

伞翼无人机借助伞翼的升力在空中滑翔。伞翼位于上方，用纤维织物制成的伞布形成柔性翼面。它的翼极轻，翼面很大，撑开如伞状。伞翼大部分为三角形，也有长方形的。伞翼可收叠存放，张开后利用迎面气流产生升力而升空（如图 2-35 所示）。

图 2-35

伞翼无人机由于伞翼结构的原因，在同样高度与速度下，伞翼能提供的升力仅能达到通常机翼的 1/3 左右，因而不能飞到较高的高度。但另一方面，由于采用三角形伞翼，使飞机翼展较小。加上重心在伞翼下，重心很低，飞行稳定性好，起飞速度较慢，可以不用外力牵引，这样在低空复杂气流的作用下，相对容易保证平稳飞行。

伞翼无人机一般可用于对地观察摄影、低空农林作业、查线、探矿、水文测量等，如图 2-36 所示。它们也能用来向有人驾驶飞机无法到达的偏僻地区和战区运送医疗补给和其他物品。除了这些传统的功能，我国还开发了一款用于治理雾霾的新型伞翼无人机，并且命名为"柔翼无人机"。

图 2-36

2.2.5　扑翼无人机

扑翼无人机是从鸟类及昆虫启发而来的，可以看成是人类早期模

仿鸟类飞行的延续。最大的特征是具有可变形的小型翼翅，如图 2-37
所示。它可以利用不稳定气流的空气动力学和肌肉一样的驱动器代替电
动机。升力和拉力都由像鸟翼那样扑动的翼来提供。但由于人类对鸟类
飞行的机理至今尚未完全理解，制造能扑动的软性结构翼的技术尚存在
许多问题。

图 2-37

　　目前，扑翼无人机仍属无人机家族里的"高冷"型，一般民间机构
都难以涉足。1998 年初，加利福尼亚大学就开始研制一种扑翼式微型
无人机，名为"机器苍蝇"，如图 2-38 所示。"机器苍蝇"只有普通
苍蝇大小，外观看上去也和苍蝇无异。不同的是它有 2 对翅膀而不是 1
对，外加两只大的球形眼睛。整机重约 43mg，直径为 5~10mm，它
的身体用像纸一样薄的不锈钢制成，翅膀则用聚酯树脂制成。由太阳能
电池驱动，一个微型压电石英驱动器以 180 次 /s 的频率扇动它的 4 只
小翅膀。驱动器的质量远远小于一只绿头苍蝇的质量，但它比肌肉产生
的能量密度大得多。

图 2-38

2007 年，加利福尼亚工学院与 Aero Vironment 等公司研制了一种微型蝙蝠（Microbat）扑翼式无人机，翼展为 15cm，重 10g，具有像蝙蝠一样的 MEMS 驱动翅膀，扑翼频率为 20Hz。该机可携带一台微型摄像机，上下行链路或音像传感器。在试飞中它无控制地飞行了 18min，46m 远，后因镍镉电池用完而坠地。

总之，扑翼无人机更多的身份还是作为概念产品。即便这样，它也有着很大的优势。尤其是在战场上，它可进行侦察、生化战剂的探测、目标指示、通信中继、武器的发射，甚至可以对大型建筑物及军事设施的内部进行监视。因为类似昆虫、鸟类的无人机，不易引起敌人的注意。在城市作战中使用，它还可以填补卫星和侦察机达不到的盲区。机上装备的摄像机、红外传感器或雷达可将目标信息传回，士兵通过掌上显示器，可以看见山后或建筑物中的敌人。如果装上电子鼻，它甚至可以根据气味跟踪某个特定人物。即使在和平时期，扑翼无人机也是探测核生化污染、搜寻灾难幸存者、监视犯罪团伙等的得力工具。

2.2.6　无人机的形态总结

通过前文的介绍可知，无人机种类多样，外形千姿百态。不同外形的无人机，有各自的优劣，目的都是尽可能满足不同的需求，同时尽量延长续航时间，增加实用载荷。

不同类型的无人机，其对比可参考表2-1。

表 2-1　各类无人机对比

种类	优点	缺点
固定翼无人机	飞行速度快，续航时间长，航程在所有无人机中最远	起降需要外部设备（起跑架、降落伞等），无法悬停，失事率较高
旋转翼无人机	简单、价格低廉，便于操作	续航时间极短（10~15min），且旋翼容易造成伤害
无人飞艇	超长的滞空时间，可停留在空中数天	操作控制不易
伞翼无人机	重心低，低空飞行时稳定性好	无法在较高高度飞行，动力较小而且受强风影响较大，在顶风飞行时飞行困难
扑翼无人机	隐蔽性极佳	制造难度极大，目前应用极少

此外，基本所有类型的无人机都需要具备以下几点要求。

1.满足起飞地点和飞行计划的要求

如果起飞地点存在障碍物，那么无人机需要垂直起降，这时便可以使用旋翼无人机；如果起飞点开阔、没有障碍物，那么采用固定机翼无人机即可。

飞行距离、海拔高度、速度、天气状况等条件都会要求无人机有符合空气动力学的特殊外形。固定机翼无人机续航时间是旋翼无人机的3倍，而且速度更快。但这种飞机能携带的实用载荷有限，由于空气动力学的要求，其实用载荷的体积不能太大。多旋翼无人机主要用于需要空中悬停的飞行任务，其实用载荷的量不像固定机翼无人机那样受到各种限制。

2.携带实用载荷

实用载荷直接影响无人机的大小。无人机必须承担实用载荷的重量，而且，对实用载荷占据空间大、不够坚固，甚至消耗电力的问题也要统统包容。实用载荷一般不能超过总重量的20%。例如，如果用小型相机拍照，不到2kg的四旋翼无人机就能够胜任。如果用高清的大型单反相机拍照，例如佳能5D，则需要使用7~8 kg的多旋翼无人机。

无人机还应确保实用载荷的视野正对任务要求的方向（垂直、水平、侧面）。例如，一台机载照相机可以放在机头里或者机身下。在厚度更大的飞翼无人机上，可以把相机安装在厚厚的飞翼里。无人机制造商绞尽脑汁，采取各种设计方案，保证无人机降落时地面不会遮挡相机镜头。大疆创新在S1000型无人机上安装了能够伸缩的照相机；自由飞翔公司则用三轴吊舱加固照相机。对于固定机翼无人机来说，一种更加彻底的方法就是去掉照相机，这样飞机就可以用腹部着陆。

3.易于维修保养

常规大小的飞机能够连续飞行数小时，而无人机则常常在不易于飞行的地区使用，而且受阵风影响很大，加上远程驾驶、自动驾驶经常

导致无人机在降落时碰撞不断。在使用过程中，无人机螺旋桨碰到地面，机翼翼尖或天线折断的情况时有发生。所以，无人机在设计上应该易于维修保养，保证无人机随时可用。

对于一些小型无人机，如对于美国门翼公司和法国勒曼航空公司的产品来说，经常损坏的部件就是机翼，机翼成了简单的消耗品。宝贵的精密部件（自动驾驶仪、传感器、电池、实用载荷）可以回收，而且，把这些部件安装在新无人机底架上的操作也非常简单。所有部件都应该易于清洗，因为决不允许无人机带着泥巴起飞，更要杜绝阻塞传感器的情况发生。

4. 携带便捷、易于启动

无人机的大部分时光都是在地面和交通工具上度过的。一架多旋翼无人机，尤其是八旋翼无人机可能会非常笨重、占用空间较大（翼展1m以上，高40cm以上）。有些无人机非常易于运输，配备可折叠旋翼臂、可拆除旋翼臂、可拆装机翼。

5. 减少给环境带来的危害

无人机飞行时存在坠机的危险，可能带来严重的人员伤害与财产损失。无人机机体越轻巧，或者制造材料减震能力越强，坠机对环境造成的影响就越小。越来越多的多旋翼无人机的螺旋桨采用流线型，目的就是降低螺旋桨毁坏的危险。

2.3 无人机的心脏：推进系统

推进系统又称"动力装置系统"，是指推动无人机飞行的整套装置。通常有内燃机及电动机两种类型，其中，内燃机一般运用在军事领域或

比较大型的无人机上，如图 2-39 所示。在消费级无人机领域，多以电动机为主。不过，随着微型无人机技术的发展，内燃机也逐渐在"瘦身"。

图 2-39

  D-STAR 工程公司的微型内燃机，发动机采用 JP-8 燃料，体积为 0.82cm³，可产生 74.57W 的功率。埃奇特斯公司的 Cox 系列内燃机，如图 2-40 所示，是世界上最小的批量生产的内燃机，也是国外微型无人机采用最多的发动机，具有体积小、功率大的特点。其发动机功率的等级为 10~1000W 甚至更高，功率 10W 的发动机质量为 21g，直径为 15mm，长度为 45mm，能量密度为 1200J/g，续航时间为 1h。不过，小型无人机对温度和湿度非常敏感，导致内燃机在恶劣的环境下难以使用，而且发动机的启动尤其是空中再启动也存在很大困难。

图 2-40

喷气发动机也是内燃机的一种。现在国外正在积极发展微型涡轮发动机、过氧化氢火箭/涡轮组合发动机以及脉冲喷气发动机等。2011年，麻省理工大学研发了一种微型涡轮发动机（如图 2-41 所示），直径为 20mm、厚 3mm，材料为 Si 或 SiC，质量为 1~2g，可产生 10~20W 的电功率或 0.05N~0.1N 的推力，并且每小时消耗不到 15g 的氢。

图 2-41

　　此外，还有一些更加高科技的动力系统，譬如人造肌肉、激光推进甚至核能等。人造肌肉主要用于 10 克以下扑翼机的推进，它利用化学或电流，以及一种类似橡胶的物质发挥机械传动、齿轮和滑轮的作用。美国佐治亚技术研究院的微型无人机 Entomopter，使用的是一种"往复式化学肌肉（RCM）"，它在化学能的驱动下，可以使扑翼产生扑动，通过直接转换，甚至还可以为机上微系统提供少量电能（如图 2-42 所示）。不过，目前人造肌肉还基本处于实验室研究阶段，需要解决包括电能转为机械能的效率、聚合物胶体制造、动作控制等大量技术难题，距实际应用还有比较长的距离。

图 2-42

　　激光推进是一种新的推进技术，它是利用激光能使流体产生运动量，使用反作用取得推力的方法。一般可以通过在无人机机体后端安装铝片，通过从地面向该铝片照射激光，向机体提供飞行所需的推力，但其推力远远低于所需激光输出的功率。与人造肌肉一样，激光推进技术也远远没有达到实际应用的程度。

　　核能推进是一种全新的推进技术，就是利用微量的放射性物质衰变所产生的电能驱动微型无人机。现在，威斯康星大学的一组工程师已

经开始了一个利用核能来提供能量的项目，但这些发电机是与向家庭和工厂提供电力的核电厂完全不同的。这些微型装置的能源不是靠转动的涡轮机来发电的，而是利用微量的放射性物质，通过它们的衰变来产生电能。但是，如果核电要成为未来的微型"机器"的能源，这项技术必须缩小到微观的水平。事实上，世界各地有数十个实验室已经在研制被称作 MEMS 的微型机电设备，它是当今高科技领域的关键课题之一。如果微量反射性物质所产生的电能能用于这些微型机电设备，那将是微型无人机发展史上的一次飞跃。

不过就目前的科技水平来看，只有电动机才是目前小型无人机应用最多的动力形式。电动机本身具有体积小、噪声小、容易控制、使用维护方便、可靠性高等许多其他动力系统所不具备的优点（如图 2-43 所示）。这些先天优势也保障了它民用小型无人机"动力之王"的地位。

图 2-43

电动机的装置主要包含电动机、电调、螺旋桨以及电池。动力系统各个部分之间是否匹配、动力系统与整机是否匹配，直接影响到整机的效率、稳定性，所以说动力系统是至关重要的。

无人机的电动机以无刷电动机（如图 2-44 所示）为主，一头固定在机架力臂的电动机座上，一头固定螺旋桨，通过旋转产生向下的推力。单独的电动机并不能工作，需要配合电调，后者用于控制电动机的

转速。螺旋桨是直接产生推力的部件，以追求效率为第一目的。匹配的电动机、电调和螺旋桨搭配，可以在相同的推力下耗费更少的电量，这样就能延长无人机的续航时间。最后，也是电动机中最重要的装置——电池，现时无人机的电池主要以锂聚合物电池为主，特点是能量密度大、重量轻、耐电流数值较高等。由于这些电池用于无人机的动力系统，所以也被叫作"动力电池"。

图 2-44

无人机的续航问题

目前，无人机产业一片欣欣向荣。不过，无人机在发展的时候始终绕不开续航这个问题。

以最传统的动力系统来源划分，主要有电动无人机和油动无人机两种。电动无人机主要采用锂电池，油动无人机主要采用汽油。在无人机爱好者的圈子中，经常会发现他们在使用无人机的过程中，会配备多块电池作为备用能源，从而解决无人机续航不足的问题。可以看到，当前无人机的续航能力已经成为无人机行业发展的瓶颈。如何破解这一难题，成为无人机行业普及、推广的核心问题。

在国外，有人想到了空中加油这个办法来解决无人机的续航问题，如图 2-45 所示。2014 年，美国海军的 X-47B 无人机进行了一次十分成功的试验，成为了全球第一架进行空中加油的无人机。此外，发展混

合动力无人机也是目前比较热门的领域。混合动力系统是由电驱动（太阳能或蓄电池）和常规发动机（喷气或螺旋桨发动机）两种动力系统构成，不但可以实现良好的起飞和爬升，还可以实现静音和超长续航能力。

图 2-45

例如，美国 Bye 航宇公司推出的一款名为"沉默监护者"（Silent Guardian）的混合动力无人机，如图 2-46 所示。这架无人机采用非常先进的太阳能光伏薄膜和蓄电池为机上的电动推进装置提供能源，使其具备超长续航能力、静音飞行和低排放等优异性能，同时该机还采用了一台涡扇发动机用于改善起飞和爬升性能。另外，Bye 航宇公司还通过采用 BoldIQ 公司开发的操作优化和应急管理软件，在"沉默监护者"无人机上引入了先进的"例外管理"（Management by exceptions）理念，可使用户在使用无人机队和对相关任务进行管理时，大幅提高工作效率，同时减少操作人员数量。

图 2-46

除了混合动力，不少研究人员还在新能源上动起脑筋。其中，太阳能就是已经耳熟能详的新能源，我国目前在太阳能无人机领域已经占有一席之地，由中国航天空气动力技术研究院研制的"彩虹T4"太阳能无人机，是目前我国最先进的太阳能无人机（如图2-47所示）。它翼展40余米，采用大展弦比轻质结构，是继美国NASA系列后世界上最大的太阳能无人飞行器。

图 2-47

除了太阳能之外，还有其他的新能源也进入了科研人员的视野。如苏格兰海洋科学协会（SAMS）进行了第一次使用固态氢动力系统无人机的飞行测试（如图2-48所示），他们发现这种类型的动力系统具有胜过锂电池的潜力。这架无人机由Cella Energy和Arcola Energy公司共同合作研发，Cella公司提供氢动力气体发生器，Arcola公司提供集成的燃料电池，二者相结合就是全新的固态氢动力系统。

图 2-48

目前，带有氢动力系统的小型无人机已经成功地通过飞行测试，而且 Cella 公司已经开始设计更大版本的新型氢动力系统，此次所设计的版本重量和锂电池一样，但却能提供比锂电池多 3 倍的能量。

除了科研机构，互联网巨头也推出了新型无人机的发展计划。亚马逊旗下的 Draper 实验室研制出了一种六旋翼的混合动力无人机。这款无人机型号为 Airborg H6 1500（如图 2-49 所示），其直径 1.5m，可以在自动、半自动或者手动操作下飞行。机上载有飞行记录仪，在两英里范围内可以远程遥控，还有 800 万像素的摄像头和高清传输能力。它使用的是一种比较简单的混合动力引擎——串联式油电混合系统，配有功率为 5000 瓦的混合动力引擎，由 16 000 毫安的锂聚电池和 3 加仑的油箱提供动力。汽油引擎和旋翼之间没有机械连接，而是由汽油发电机为电池充电，电池再发动电力引擎。动力可来自电池、汽油发电机或者由两者同时提供，比单一的汽油引擎更小、更高效。据称，它只需要 1 加仑汽油，便可以飞行 2.5h，约 160km 的距离，最高负重达 20 磅（约 9 kg）。这一飞行时间是无线电控制、汽油发动的小型直升机的两倍，比目前市场上最流行的四旋翼无人机多出数倍。

图 2-49

2.4 无人机的手脚：任务设备

一般无人机升空后都用来执行各种任务，不论是侦察、作战、通信、遥感还是投递货物，都需要搭载相关的物品，如相机、武器等，这种物品便称为"任务载荷"。换言之，各种任务设备就是无人机的"手脚"，如果无人机失去这些"左膀右臂"，它们就只能起飞、降落，失去了实用价值。因为在现有无人机的任务中，侦查（包括航拍）与作战是最基本的任务，因此我们就从这两个方面来介绍。

2.4.1 侦查设备

无人机的侦察设备主要包括光电摄像机、红外摄像机、合成孔径雷达、激光测距仪等，这些都是无人机使用的传统侦察监视设备（如图2-50所示），安装在无人机上时，都是一个个功能各异的传感器。这些光电传感器的特征是体积小、重量轻，可以昼夜在多数气候条件下完成监视、目标捕获等任务，且不易被发现。例如，2016年上海市虹口区就组建了一支特别的"空中侦查小分队"，它们是由六旋翼、八旋翼无人机以及操控民兵组成的，可以承担抢险救灾、维护社会稳定等行动时的空中侦察任务。

图 2-50

光学传感器组件（如图 2-51 所示）可以永久安装在无人机上，以便传感器操作员获得固定的视角，同时也可以安装在万向节或转塔上。万向节或转塔安装系统使传感器能够在预定范围内转动，通常绕两个轴转动。光电摄像机的原理是通过电子设备的转动、变焦和聚焦来成像，在可见光谱中工作，所生成的图像形式包括全活动视频、静止图片或二者的合成。大多数小型无人机的光电摄像机采用窄视场到中视场镜头，大型无人机的摄像机使用宽视场或超宽视场传感器。光电传感器可执行多种任务，还可以与其他不同类型的传感器结合使用，以生成合成图像。

图 2-51

红外摄像机也叫"前视红外传感器"，在红外电磁频谱范围内工作，利用红外或热辐射成像（如图 2-52 所示）。无人机采用的红外摄像机分为两类，分别是冷却式和非冷却式。冷却式摄像机由低温制冷器制冷，可降低传感器温度到低温区域，这种系统可利用热对比度较高的中波红外波段工作。冷却式摄像机的探头通常装在真空密封盒内，需要额外的功率进行冷却。非冷却式摄像机传感器的工作温度与工作环境温度持平或略低于环境温度，当受到探测到的红外辐射加热时，通过所产生的电阻、电压或电流的变化工作。非冷却式传感器的设计工作波段为 7~14 纳米的长波红外波段。冷却式摄像机生产的图像质量比非冷却式摄像机的质量高。

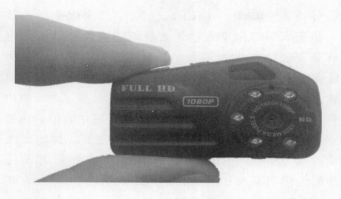

图 2-52

激光测距仪利用激光束确定与目标的距离（如图 2-53 所示）。首先，激光指示器利用激光束照射目标，发射不可视编码脉冲，脉冲从目标反射回来后，由接收机接收。不过，利用激光指示器照射目标的这种方法存在一定的缺陷，如果大气不够透明（如下雨、有云、尘土或烟雾），则会导致激光的精确度欠佳。此外，激光还可能被特殊涂层吸收，或不能正确反射，或根本无法发射。

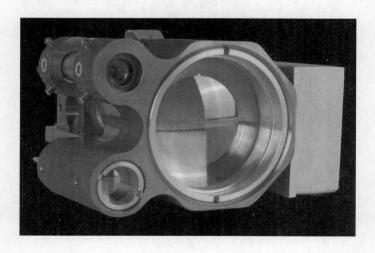

图 2-53

第 2 章　无人机的构造系统　87

合成孔径雷达（SAR）（如图 2-54 所示）或者运动目标指示雷达（MTI）是无人机特别是大型无人机的重要侦察设备，而且还要保证雷达能够全天候昼夜 24h 工作，甚至在恶劣气候条件下，也能穿透云层进行侦查工作。例如"捕食者"在服役初期，装备的仅有电光与红外有效负载，在战场上使用效果不佳。后来则装备了 AN/ZPQ-1 战术续航合成孔径雷达，该雷达重 75kg，工作在 Ku 波段，可提供 SAR/MTI 模式。时至今日，雷达技术得到了更大发展，目前最大的无人机雷达是"全球鹰"搭载的 SAR/MTI 雷达。它工作在 X 波段，重量为 290kg，峰值输出功率为 3.5kw，作用距离可达 200km，并可在一天之内采集 1900 幅图像。在搜索模式下，每天可搜索 138 000km^2 区域；在地面动目标指示模式下，每天可监视 15 000km^2 区域，并可探测 100km 范围内以 7.4km/h 速度移动的慢速目标。

图 2-54

未来的无人机还需要雷达吗？

众所周知，雷达是保证无人机顺利起飞、降落、按照预定航线飞行的重要装备，失去了雷达，你的无人机就一去不复返了。不过，有人却要挑战这个"常识"。

　　澳大利亚昆士兰大学的无人机研究员说：未来无人机将完全不需要人工进行控制，也不用依靠雷达和 GPS 卫星导航系统，即可实现自动飞行，自主完成工作。当然，这样的论断也不是凭空乱说，而是有一定依据的。

　　据介绍，他们正在研究鹦鹉和蜜蜂的飞行技巧，希望能够将动物的飞行理论应用于无人机，帮助开发无人机控制系统。其中一位研究员透露："我们研究了蜜蜂和鹦鹉等是如何安全通过狭窄的通道、避免自己与障碍物相撞，以及如何控制高空飞行的。随后我们受到启发，设计出适用于无人机的视觉系统及精确的算法，用来指导无人机的飞行。"而且蜜蜂的大脑很微小，大脑的神经元也比较少，但是这种昆虫却可以准确地感知到 10km 外的食物来源。对于蜜蜂行为的研究也能够揭示出包括人类在内的视觉工作的基本原则，将其与现代科技相结合，应用于无人机系统（如图 2-55 所示）。

图 2-55

　　无独有偶，2015 年英国谢菲尔德大学也做过一项对蜜蜂的研究：通过研究蜜蜂的视觉和嗅觉，希望更好地了解蜜蜂的大脑和人类大脑的区别，从而设计出计算机模拟系统（包括成千上万的虚拟神经元），应用于无人机上。不过，具体的研究还在保密中。至于以后能不能诞生不依靠雷达的无人机，就让我们拭目以待吧。

　　除了传统的侦察设备外，英、美等国还开发了更为先进的侦察系统。美国国防高级研究计划署（DARPA）和英国航空航天系统公司（BAE）共同研发的自动化实时地面全部署的侦察成像系统（ARGUS），是非常先进的空中侦察系统。这一系统装在无人机上后，ARGUS摄像头（如图 2–56 所示）就能够在 1.75 万英尺（5334 米）的高空巡逻，向地面返回高达 18 亿像素的高分辨率图像。图像的清晰程度令人目瞪口呆，分析人员甚至能够看到目标人身穿的衬衫颜色。

图 2–56

2.4.2　武器挂载

　　在现代战争中，无人机凭借其强大的情报信息收集能力、战场态势的感知能力，以及"零伤亡"的特点，使它成为网络战中获取和保持信息优势的重要手段。除此之外，无人机的武器化和无人作战飞机的出现拓展了无人机在战争中的作用。无人机不仅能执行战场侦察、监视和毁伤评估等任务，而且能压制对方防空系统，实施对地攻击，甚至对空作战，这又是"非接触"作战的重要手段。所以，有的军事专家说：未来的空战主角是无人机。话虽如此，但是无人机要扮演"战争猎手"的角色，则不得不依赖这样一套装备——武器挂载（如图 2–57 所示）。

图 2-57

　　无人作战飞机的武器装备根据所执行的任务大致可分为对地攻击武器、对空作战武器以及激光、微波等定向能武器。对地攻击武器是无人作战飞机实施非接触中远程对地精确打击的重要装备。装备无人机的对地武器要求重量轻、精度高、威力大、可有效攻击多种目标。因此美国的 AGM-114"海尔法"激光制导导弹成为首选武器（如图 2-58所示）。2000 年 11 月，"捕食者"无人机进行了 AGM-114"海尔法"激光制导导弹的发射试验，导弹直接击中目标。2001 年 10 月，美军在阿富汗战争中用"捕食者"无人机向塔利班部队发射了"海尔法"空对地导弹，成为无人机使用精确制导武器实施对地攻击的首次实战，标志着无人机在战场上由辅助作战手段转向基本作战手段。目前可装备无人机的对地武器主要包括小型空对地导弹（AGM-114"海尔法"导弹、AGM-65"幼畜"空对地导弹、PAASM 精确攻击空对地导弹）、航空制导炸弹（GBU-38 联合直接攻击炸弹、SDB 小直径炸弹、GBU-12"宝石路"Ⅱ激光制导炸弹）、航空火箭弹（"九头蛇-70"火箭弹）、轻型子弹（"毒蛇袭击"子弹、LOCAAS 低成本自主攻击系统）和机载布撒器（BLU-108）等。

图 2-58

　　无人机的对空作战武器装备主要有：红外成像制导的 AIM-9X（如图 2-59 所示）和主动雷达制导的 AIM-120 空对空导弹等。这些导弹并非为无人机专门研制，大型武装无人机"死神"和以色列的"赫尔姆斯 450"具有较大的挂载能力，可以携带这些武器，其他的较小型无人机就无法挂载了。而这些挂荷较小的无人机，一般情况下只能携带轻型空对空导弹，如美国的"毒刺"导弹、法国的"西北风"、俄罗斯的"针"便携式导弹等。2003 年，美国的 MQ-8B"火力侦察兵"无人机进行了挂载 8 枚"毒刺"空对空弹的试验，事实上这些便携式导弹仅仅能够用来自卫保护，如果要攻击敌人，效果往往不理想。

图 2-59

　　除了这些传统的武器，无人机还可以挂载有人飞机难以携带的激光、微波等定向能武器。因为无人机有一个先天优势——无人，这样就可以省去为防止这种武器对人体产生伤害而采取的保护措施。高能液体激光区域防御系统（HELLADS，如图 2-60 所示）是装备无人作战飞机的候选定向能武器。据介绍，HELLADS 采用液体激光介质，该介质在武器击发时不会消耗。该激光器重量为 750kg，结构紧凑，体积同战斗机的副油箱相同。如果无人机装备 150kw 连发射击的激光器，甚至可以瞬间摧毁敌方的导弹。

图 2-60

　　此外，高功率微波武器也同样十分强大。微波武器利用高增益定向天线，将强微波发生器输出的微波能量汇聚在窄波束内，从而辐射出强大的微波射束，直接摧毁目标。美国空军打算在 2012 年给先进的无人作战飞机装备高功率微波武器，预计无人机的攻击能力又将提高一个层次。

　　除了前文介绍的美国"捕食者"无人机，我国同样也有大型的作战无人机。2016 年，美国《陆军技术》杂志从武器装备和作战能力两方面进行评估，评出当今世界上最致命的 5 款军用无人机，其中就有中国的

"翼龙Ⅱ"，如图 2-61 所示。据介绍，"翼龙Ⅱ"为一款中高空、长
航时无人机系统，旨在从事侦察、监视和对地打击任务，机上装备了实
施空对地攻击的武器。"翼龙Ⅱ"还配置了光电监视与瞄准装置、合成
孔径雷达、雷达报警设备和激光制导导弹。能够以 370km/h 的最高速
度飞行，并能达到 9km 的高度。它的续航能力为 20h，有效载荷能力为
480kg。携带的武器包括 BA-7 空对地导弹、YZ-212 激光制导炸弹、
YZ-102A 杀伤弹和 50kgLS-6 微型制导炸弹。

图 2-61

　　除了"翼龙Ⅱ"，还有"彩虹"系列无人机同样表现出色。"彩
虹4"无人机（如图 2-62 所示）拥有 4 个武器挂架，这种结构与美军
的"收割者"类似。"彩虹4"还可以在最外侧两个挂架上各携带一枚
约 100kg 重的 FT-5（飞腾 -5）轻型精确制导炸弹。"彩虹4"的载
弹量为 345kg。另外，"彩虹4"飞行高度达 7~8km，飞行速度可达
250km/h，飞行时长为 40 多个小时。估算"彩虹4"在轻载的状态下，
作战半径可能在 2000km 左右。这样的武器挂载能力以及作战范围，
已经超越了美国的经典无人机"捕食者"。

图 2-62

2.5 无人机的眼睛：地面设备

地面控制站（GCS: Ground Control Station）具有任务规划、数字地图、卫星数据链、图像处理等能力。换言之，地面站就是整个无人机系统的作战指挥中心，其控制内容包括：飞行器的飞行过程、飞行航迹、有效载荷的任务功能、通信链路的正常工作以及飞行器的发射和回收。GCS 除了完成基本的飞行与任务控制外，也要求能够灵活地克服各种未知的自然与人为因素的不利影响，适应各种复杂的环境，保证全系统整体功能的成功实现（如图 2-63 所示）。

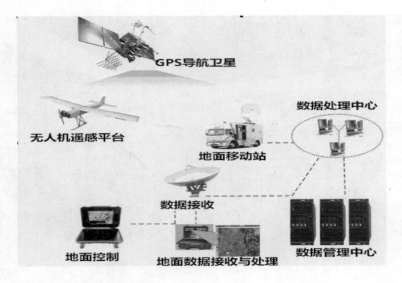

图 2-63

    一个典型的地面站由一个或多个操作控制分站组成，主要实现对飞行器的控制、任务控制、载荷操作、载荷数据分析和系统维护等。简单来说，地面设施就好比是无人机的"眼睛"，实时掌控着无人机的运行状态。

2.5.1　视频接收装置

    对消费级无人机而言，更为重要的地面设施当属视频接收装置了，这个装置主要包括控制器面板及接收器，此外还包括了数字视频录像板、视频图像接收机和锂电池等配套设备。除了传统的显示屏＋遥控器的搭配，现在还出现了新型的视频眼镜（如图 2-64 所示），这个技术称为"目镜技术"，佩戴上该眼镜之后，即可直接查看无人机的镜头图像，用以取代之前"笨拙"的接收器和笔记本电脑。据介绍，使用者可以用眼镜观察到信号发射器与接收器之间的信号轨迹，理论上二者之间是没有任何障碍的。不过，实际上信号会出现延迟或者衰减的现象，这就很容易导致接收的图像不清晰。

图 2-64

　　无人机视频接收装置也可以看作图传系统，图传也就是无线图像传输。作用是将无人机在空中拍摄的画面实时传输到地面的显示设备上。有了图传之后，操纵无人机才能获得身临其境的感觉。无人机的图传主要有模拟和数字两种，它的组成部分主要是发射端和接收端以及显示端三部分。早期的图传设备都采用模拟制式，它的特点是只要图传发射端和接收端工作在一个频段上即可接收到画面。不过，采用这一方法也有弊端，发射和接收时都容易受到同频干扰，两个发射端的频率如果接近，很有可能导致本机的视频信号被别人的图传信号插入，导致飞机丢失。因此，目前无人机大多采用数字图传。

　　那么，无人机又是如何传输图像的呢？首先，无人机上挂载的视频拍摄装置将采集的视频信号传输到安装在无人机上的图传信号发送器上，然后再由图传信号发送器通过 2.4GHz 无线信号传输（也有使用1.2GHz、5.8GHz 和 WiFi 频率的。短距离使用 5.8GHz，长距离使用 1.2GHz，如果采用 WiFi 的方式，使用手机就可以与空中的无人航

拍机进行通信、实现对摄像头的操作）。无人机采集到的信号传送到地面接收系统之后，由接收系统再通过 HDMI 传输到显示设备上（显示器或平板电视等屏幕），或者通过 USB 传输到手机与平板电脑上。由此，操控者就能实时地监控到无人机航拍的图像（如图 2-65 所示）。目前，专业的图传系统已经做到了在 1.7km 的范围内传输 1080P/30fps 的全高清视频图像。图传系统如果仅仅是实时监控无人机拍摄的画面当然是不够的，实际上，对于无人机航拍来说，要随时能够调整摄影机拍摄的角度以及焦距、光圈等拍摄参数才是最重要的，而图传系统实际上也能完成这样的任务。

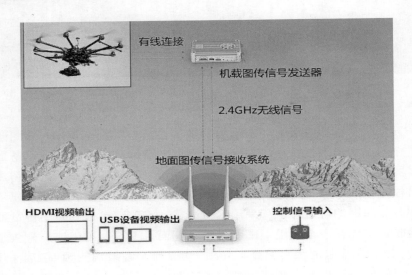

图 2-65

下面介绍无人机图传系统的核心器件——2.4GHz 传输器。

2.4GHz 无线图像传输器是采用微波传输方式的一种物理仪器（如图 2-66 所示），频率为 2.4GHz，它可以高保真地无线传输视频信号，其视距传输范围达 1000~3000m 以上，即便是在水平有墙阻隔的情况下，也可达 20~100m。此外，它还有着其他传输器不具备的优势。

图 2-66

首先是良好的微波抗干扰性能。由于它采用频率极高的微波传输方式，载波频率高达 2.4GHz，因此可以有效地避免 900MHz 等频段拥挤不堪的无线电话信号或各类电火花及家用电器的干扰，同时也最大限度地避免了本机发射频率对其他接收设备的干扰。其次，是优良的视频接收品质。它采用了性能优越的调频方式，因此视频具有宽频特性，且信噪比极高。这些优点决定了 2.4GHz 传输器成为无人机图传系统的核心器件。

也许你会问，除了 2.4GHz 传输器，就没有其他的替代品吗？虽然 433MHz 频段穿透性强，通信距离远，可以最远传输达 2km，但由于其抗干扰能力弱，遥控无人机或飞行器都不太会采用。目前专业 WiFi 芯片厂商都还没有开发出这种远距离无线高清视频传输的芯片，但是无人机市场如此火热，无线芯片厂商已经在着手计划推出专用芯片。未来我们也许会看到能同时与控制器和显示器建立链路的双模芯片组。不过，在专用芯片推出之前，RF 工程师只能通过分立器件去实现远距离高带宽的无线视频传输。因此，搭配高接收灵敏度、低功耗、小体积 IC 的 2.4GHz 传输器，成为了目前无人机的基本装置之一。

2.5.2 航线规划

无人机飞行的路线称为"航线"（如图 2-67 所示）。与地面的

交通道路一样，无人机在空中飞行同样需要遵循"法制航线"的规则，否则很容易成为"黑飞"。所以，在进行航线规划时，就更加需要注意了。航线规划的内容一般包括：出发地点、途经地点、目的地点的位置关系信息，飞行高度和速度与需要达到的时间段。航线规划应该具备以下功能：首先要具有标准飞行轨迹生成功能，可生成常用的标准飞行轨迹，如圆形盘旋、8字形盘旋、往复直线飞行等，存储到标准飞行轨迹数据库中，以便在飞行过程中可以根据任务的需要使飞行器及时地进入和退出标准飞行轨迹；其次要具有常规的飞行航线生成、管理功能，可生成对特定区域进行搜索的常规飞行航线，存储到常规航线库中。航线库中的航线要考虑到传感器特性、传感器搜索模式（包括：搜索速度、搜索时间）和传感器观察方位（包括：搜索半径、搜索方向、观测距离和观测角度）。

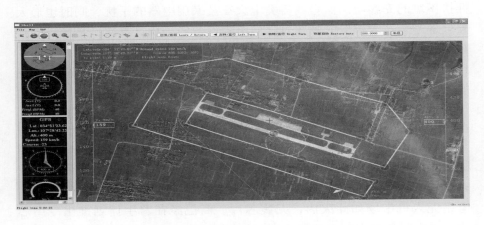

图 2-67

什么是"黑飞"？

所谓的"黑飞"，最简单地说就是指未经登记的飞行。"黑飞"具体到无人机上，还包括了："飞行员"没有资格证；起飞之前没有向相关部门征得飞行许可；没有在指定空域飞行。

无人机"黑飞"会带来许多意料不到的危险后果，例如干扰到客机航班。2017年2月3日，深圳机场的一架无人机因操作者操作失误，飞到了差不多400m的高度，迫使一架客机紧急爬升，并改变了航线，才避过了这个不明飞行物，其中过程可谓相当惊险。

据航空专家介绍，普通民航班机在下降时，速度大约在300km/h，而一般的无人机重量大约在2~5kg，相撞产生的能量很有可能导致飞机坠毁。而即便是2kg重的无人机，从200多米的高空坠落在人群中，其威力也会像一颗子弹一样，非常危险。

"黑飞"具有如此大的安全隐患，那么在飞行之前，应如何取得相关部门的许可呢？根据《中华人民共和国民用航空法》和《民用无人机驾驶员管理规定》，在中国境内凡起飞重量大于7kg，飞行高度在120m以上，飞行距离500m以上，三者满足其一的，才需"持照飞行"。消费级无人机在7kg以下被定义为"微型无人机"，是不需要持照的，甚至也不需要实名认证。所以，在这样尴尬的情况下，无人机玩家一定要严格自律，在相对安全的场所飞行，控制好操纵杆（如图2-68所示）。

图2-68

那么，具体应该如何进行航线规划呢？

首先，确定大致的航线覆盖范围、航高及精确航线；第二步则要结合实地环境，确定无人机需要完成任务的区域，明确地形信息、威胁源分布的状况以及无人机的性能参数等各种实际条件。这就需要灵活使用数字地图，它是融合了计算机图形学、数据库、地理信息系统等各种技术的一种地图表现形式，能够显示出飞行过程中的各种障碍数据，并计算出具体的地理位置。可以说数字地图是完成这些判断的基本依据，为无人机顺利完成任务提供了可能；第三步在于采用适当的航线规划算法。在航行之前，就要通过各种计算，多次、长时间地完善得出的最佳航线，有时无人机还可以依靠携带的电子地图、参数库等显示出实际情况，以便做出灵活应对。目前的算法有很多，比较常用的有启发式算法，主要是缩小搜索范围把复杂问题简单化，其方式就是利用启发信息来引导搜索，可以计算出无人机的最短路径。用 Dijkstra 算法进行最优搜索，形成最优路径航线点序列，最终生成水平整体最优的航线。此外还有遗传算法、蚁群算法等。

在了解了无人机航线规划之后，还有十分重要的一点：一定要遵守相关的飞行管理规定。例如《中国低空空域使用管理规定》规定：军事禁区、500m 以上空域禁飞。另外，一些涉及到他人隐私的区域也不能飞行。在制定航线规划时，需要特别注意。

自行创建地图的智能无人机

目前，一些无人机已经开始用来执行商业任务，例如监测石油钻台和喷洒农药。不过，无人机完成这些任务，需要技术精湛的地面操作员以及使用预装的地图或通过无线连接获取的数据，航线上的弊端成为商用无人机的发展瓶颈。2016 年底，瑞士联邦技术研究所正通过开发一种更为"独立"的无人机，来解决这个问题。

据介绍，这架无人机可以在陌生环境中无须太多人工操作就自行创建 3D 地图，然后根据周围环境和障碍物自行规划自己的飞行路线图，原理在于将软件和感应器相结合。它配置了一个摄像头和传感器，用来

反馈速度、方向和重力。而无人机携带的软件通过对比来自其运动和方向传感器获取的数据和摄像头所拍摄的图片来为自己创建 3D 地图。一旦完成地图，无人机就可以规划自己可以直接飞往的目的地路线图，并可以躲避在地图上已标注出来的障碍物。

不过，将这种地图创建功能赋予小型无人机，是需要付出代价的，由于携带了计算机和传感器，因此这类用于测试的无人机只能在空中飞行 7min，如果没有这些多余的"体重"，则可以在空中飞行 15min。即便如此，人们对这架无人机仍旧十分看好。毕竟这项技术能够让无人机在监测和监控领域的应用变得更现实。

无独有偶，我国同样在研发这类智能规划航线的无人机。极飞科技研发的"农飞 P20 植保无人机（Xplanet，如图 2-69 所示）"，在智能喷洒系统、飞控方式、智能规划航线、GPS 手持测绘、智能电池管理、作业面积等方面也有了创新和突破。据悉，"农飞 P20 植保无人机"地面控制站基于安卓操作系统，拥有高度智能化的航线规划能力，通过结合天气条件和农作物生长规律等信息，自动规划出喷洒路线和药物喷洒量后，向"农飞 P20 植保无人机"发出任务执行指令。此外，GPS 手持测绘器是让"农飞 P20 植保无人机"实现航线飞行的基础设备。操作者只要完成农田信息数据收集，将数据发送到"农飞 P20 植保无人机"地面站之后，就可以生成飞行航线了。

图 2-69

第 3 章

无人机是怎么飞起来的

在航空技术已经普及的 21 世纪，各种能在天空中飞翔的飞机早已司空见惯。但是，对于一些无人机来说，人们还是不免要问起一些基本的问题——无人机是怎么飞起来的？无人机的飞行有什么特别之处？因此，本章将主要讲述飞行的主要原理，尤其是应用于无人机的原理。

3.1 关于飞行的理论知识

在我们生活的世界，四周都被空气环绕，而空气又具备一定的密度，因此在空中飞行的物体，可以感受到"相对风"的存在，将飞行物体向反方向推动，这种推动便是空气"阻力"。除了阻力之外，还有物体本身的"重力"、外部提供的"升力"和"推进力"等基本要素，如图 3-1 所示。

※ 阻力：由相对风引起，作用方向和物体移动的方向相反。

※ 重力：物体由于地球的吸引而受到的力。

※ 升力：克服重力，将物体向上托举的力。

※ 推进力：由动力机构（一般是引擎）产生，克服阻力推动物体向前的力。

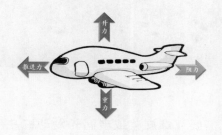

图 3-1

不论是普通的飞机还是无人机，所有的制造商都在竭尽全力地减轻飞行器的重量，同时希望在推进力尽可能小的情况下获得最大的升力与最小的正面阻力。不过，无人机主要分固定翼和旋转翼两大类，它们的飞行原理不尽相同。接下来便分别对这两种类型的无人机的飞行原理进行表述。

3.1.1　固定翼无人机的飞行原理

在航空界有一句很有名的调侃："只要推力大，即使是一块砖都能飞上天！"这句话虽然有些夸张，但并非不切实际，因为只要给予螺旋桨强大的马力，任何笨拙的机翼也能强拉飞起来。固定翼无人机便是在这个基础之上获得了足够的推动力，像以色列城市航空公司的子公司——战术机器人公司研制的"空中骡子"垂直起降无人机，如图3-2所示，便采用了透博梅卡公司的"阿里埃尔"1D1涡轮轴发动机（730马力），将重达1吨多的机体成功带上了蓝天。

图 3-2

固定翼无人机需要靠螺旋桨或者涡轮发动机产生的推力作为飞机向前飞行的动力，主要的升力则需要调整机体的形状（最大限度地发挥

升力，最小限度地抑制阻力），使机翼与空气产生相对运动，凭借空气
经过机翼表面来形成足够的上升气流。这一点和一般的飞机类似，因此
起飞过程也与普通飞机无异，如图 3-3 所示。

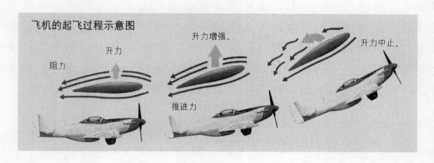

飞机的起飞过程示意图

升力

阻力

升力增强

推进力

升力中止

图 3-3

　　飞机在前进的时候，机翼上面的气流比机翼下面的低，也就是说，
飞行中的飞机就是在空气中插进去的异物，促使气流把飞机往上推挤。
升力大小因为各种因素而被决定。第一个要素是机翼的面积，被气流
吹打的面积越大，产生的升力越大；第二个要素是速度，流经机翼的空
气越快，上下的压力差也就越大；第三个要素是冲角，也就是说，机翼
的倾斜度在一定界线内，使机翼上面的气流通路变长，速度便增加，与
机翼下的流速差增加，升力也就变大，因此冲角越大升力也越大（如图
3-4 所示）。

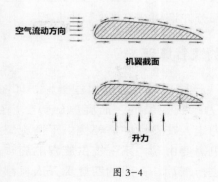

空气流动方向

机翼截面

升力

图 3-4

随着升力的作用与飞机的前进便产生了所谓的阻力，阻力主要有三种，即摩擦力、形状阻力和诱导阻力，前两种是因为飞机通过空气发生的，可以凭借航空科学的进步和机体流线型的调整而减小，我们可以想象一个方盒子跟一个圆球在空气中前进的阻力差别（如图 3-5 所示）。诱导阻力则是机翼所产生的升力的副产物，可以说这是发生升力必然引起的代价。因为升力是由于气压差所产生，但是同时也发生吹下或伴流之类的情况，这主要是在翼的尖端引起的，随着飞机的前进，机翼尖端便会产生螺旋状的气尾，将飞机向后拉，这就是所谓的诱导阻力。

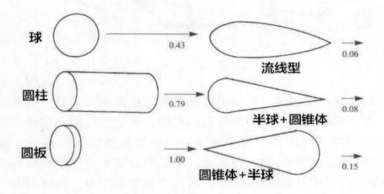

图 3-5

传统中小型固定翼无人机由于机身尺寸和载重能力的限制，一般不具备搭载过大动力系统的能力，因此需要借助外力起飞，也就是手掷起飞和弹射起飞，这部分知识将在 3.1.3 节中介绍。

3.1.2 旋翼无人机的飞行原理

旋转翼无人机的飞行原理与直升机有些类似，如图 3-6 所示。直升机旋翼的旋转是动力系统提供的，而旋翼旋转会产生向上的升力和空气给旋翼的反作用力矩，在设计中需要提供平衡旋翼反作用扭矩的方法。所以，旋翼无人机需要由动力系统提供旋翼的旋转动力，同时旋翼旋转产生的扭矩需要进行抵消。一般的四旋翼无人机都选择类似双旋翼

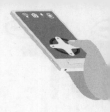

纵列式加横列式的直升机模型，两个旋翼旋转方向与另外两个旋翼旋转方向必须相反，以抵消陀螺效应和空机动力扭矩。

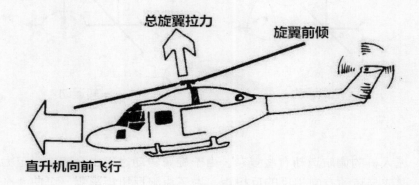

图 3-6

四旋翼无人机的旋翼对称分布在机体的前、后、左、右四个方向，4 个旋翼处于同一高度，且 4 个旋翼的结构和半径相同，4 个电动机对称地安装在飞行器的支架端，支架之间的空间安放飞行控制计算机和外部设备。

四旋翼飞行器通过调节 4 个电动机的转速来改变旋翼转速，实现升力的变化，从而控制飞行器的姿态和位置。四旋翼飞行器是一种六自由度的垂直升降机，但只有 4 个输入力，同时却有 6 个状态输出，所以它又是一种欠驱动系统。

如果电动机 1 的转速上升，电动机 3 的转速下降，电动机 2、电动机 4 的转速保持不变，由于旋翼 1 的升力上升，旋翼 3 的升力下降，产生的不平衡力矩使机身绕 Y 轴旋转，同理，当电动机 1 的转速下降，电动机 3 的转速上升，机身便绕 Y 轴向另一个方向旋转，实现飞行器的俯仰运动。与俯仰运动类似，改变电动机 2 和电动机 4 的转速，保持电动机 1 和电动机 3 的转速不变，则可使机身绕 X 轴旋转，实现飞行器的滚转运动（如图 3-7 所示）。

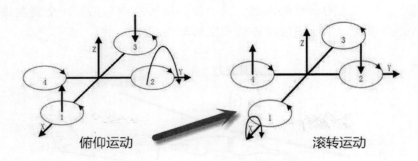

图 3-7

　　无人机的偏航运动有些复杂。由于旋翼转动过程中会因空气阻力作用，形成与转动方向相反的反扭矩，为了克服反扭矩影响，可使 4 个旋翼中的两个正转，两个反转，且对角线上的各个旋翼转动方向相同。反扭矩的大小与旋翼转速有关，当 4 个电动机转速相同时，4 个旋翼产生的反扭矩相互平衡，四旋翼飞行器不发生转动；当 4 个电动机转速不完全相同时，不平衡的反扭矩会引起四旋翼飞行器转动。所以，当电动机 1 和电动机 3 的转速上升，电动机 2 和电动机 4 的转速下降时，旋翼 1 和旋翼 3 对机身的反扭矩大于旋翼 2 和旋翼 4 对机身的反扭矩，机身便在富余反扭矩的作用下绕 Z 轴转动，实现飞行器的偏航运动，如图 3-8 所示。

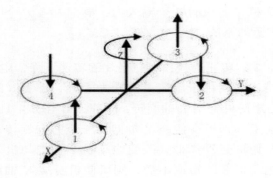

图 3-8

要想实现无人机在水平面内前后、左右的运动，必须在水平面内对飞行器施加一定的力。增加电动机 3 转速，使拉力增大，相应减小电动机 1 转速，使拉力减小，同时保持其他两个电动机转速不变，反扭矩仍然要保持平衡。这样，飞行器首先发生一定程度的倾斜，从而使旋翼拉力产生水平分量，因此可以实现飞行器的前飞运动，向后飞行与向前飞行正好相反，如图 3-9 所示。

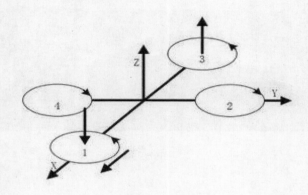

图 3-9

3.1.3 无人机的起飞与降落方式

无人机的起飞方式种类繁多。无人飞艇的起飞最简单，也最安全。由于飞艇是轻于空气的航空器，因此，只要启动发动机并放开系留索，飞艇便能升入空中。

1. 无人机的起飞方式

采用普通飞机外形的固定翼无人机的起飞方式主要有以下几种。

空中投放

由大型飞机（母机）携带到空中，在指定空域启动无人机的发动机，然后投放。

滑轨起飞

无人机上装有滑橇，发动机启动并达到最大功率后，放开无人机，使之沿着有一定长度和一定倾斜角度的滑轨离陆，如图 3-10 所示。

图 3-10

弹射起飞

将无人机装在发射架上，借助于助推火箭、高压气体、牵引索或橡筋绳等弹射装置，可实现较短距离（甚至零距离）弹射起飞。英国设计的"沙锥鸟"无人机等采用的就是此种升空方式。

滑跑起飞

在无人机上装有起落架，发动机启动后，由地面操纵员通过遥控设备或由机上的程序控制设备自动操纵无人机在跑道上滑跑，达到一定速度后，无人机便能离地升空。以色列研制的"先锋""猛犬""侦察兵"等无人机采用的就是这种起飞方式。

借助起飞车滑跑起飞

无人机装在起飞车上，发动机启动后，无人机通过推力锁驱动起飞车向前滑行，当达到起飞速度时，锁定机构自动解锁，无人机离开起

飞车，加速爬升。我国研制的"长空 – 1"号靶机采用的就是这种起飞方式。在起飞车的设计方面，中国的科研人员不但开始得比较早，而且有许多创新性的发明。

由汽车或轨道车背负起飞

将无人机安装并锁定在汽车、轨道车背部的支架上，启动无人机的发动机后，汽车（或轨道车）在公路（或铁路）上疾驰前行，当车辆的速度达到无人机的离地速度后，打开（或切断）固定锁，无人机便可自行离开起飞平台。

手掷起飞

一些小型和微型的无人机多采用此种最为简单的方法放飞（如图3–11所示）。

图 3–11

垂直起飞

旋转翼无人机一般采用垂直起飞。起飞时，装在其翼尖上的两台发动机和螺旋桨向上倾斜，将飞行器拉离地面。达到一定高度后，发动机和螺旋桨转至水平方向，飞行器即可进行常规飞行了。在垂直起飞时，

旋转翼无人机的机身始终保持水平姿态。还有一种特别的无人机，在起飞时机体是竖直向上的，靠其尾部或头部的螺旋桨拉离地面，升空后，再逐渐转为水平状态。凡是采用垂直起飞方式的无人机，其起降场都很小，但在起飞时的耗油率偏高，因此，它们的活动半径和留空时间均较短。而且，由于控制方式复杂，对发动机的要求高，垂直起飞悬停、过渡飞行时的可靠性、安全性较差。

此外，某些特殊的无人机（如机翼可折叠的无人机、超高速无人机等），还可选择火箭发射或火炮发射的方式升空。

2. 无人机的回收方式

与起飞一样，无人机的回收方式也是多种多样的。无人飞艇和无人直升平台的回收比较容易。无人飞艇由地面控制人员操纵到预定高度、预定地点后，按照指令投下绳索，地面人员收拢绳索，缓缓将其拉近地面，然后系好绳索就算完成回收任务了。无人直升平台在遥控指挥下，抵达回收点上空后，逐渐降低发动机功率，慢慢下降高度，便可降落到指定地点（地面、舰面、回收车平台等）。

而固定翼无人机的回收要比起飞困难得多，固定翼无人机的回收方式五花八门，各有优缺点。目前固定翼无人机的回收方式包括：伞降回收、空中回收、撞网回收、目视遥控着陆回收、电视遥控着陆回收、拦阻回收、全地形回收等。

伞降回收

无人机上带有降落伞，按照预定程序或在地面遥控站的指挥下到达回收区上空，然后自动开伞或根据遥控指令开伞，降落在陆地上或水面上（如图 3-12 所示）。伞降回收比较安全可靠，但其缺点也很明显——自带降落伞，需要占用无人机机身内有限的空间和载荷；伞降着陆时，飞机下降速度较快，在着陆瞬间，机体会受到较强烈的冲击，会造成不同程度的损伤。如果降落在水中，机载设备、发动机等被水浸泡，会影

响其正常工作。因此，无人机伞降回收后一般都需要经过检查和修理才能再次使用。若无人机降落在海上，打捞起来是比较困难的，需要为回收船配备一些专用的设备，否则，就算小艇靠近了浮在水面上的无人机，也会束手无策。如果遇到恶劣海况就更麻烦了，在风大浪高的情形下，将难以实施工作。

图 3-12

空中回收

其开始的程序与伞降无人机回收方式相同，当无人机打开降落伞在空中飘落时，用直升机等回收母机在空中将无人机"捞回"，然后携带无人机返场着陆。采用这种回收方式，无人机不易受损，但需配备直升机等回收母机，且回收过程非常复杂、要求严格，二者的配合必须准确无误。

撞网回收

无人机在地面无线电的遥控下，逐渐降低高度、减慢速度，然后正对着拦阻网飞去（如图 3-13 所示）。拦阻网由弹性材料编织而成，网的两端还连接着能量吸收器。无人机撞入网中后，速度很快便减为零。撞网回收方法的优点是：不受场地的限制，布设方便，在山区、舰船上均可架设拦阻网；缺点是：网的面积有限，在天气和海况不好的情况下，通过遥控方式，无人机不易对准拦阻网。在中小型军舰上布设拦阻网，

问题更多，由于舰体长度不大，其上方又布满了雷达、导弹、通信天线等大量的军用设备，能够用于架网的空间非常有限。加之海上风浪大，舰体摇晃严重，用遥控的方式更不易准确入网。若一旦出现偏差，将有可能撞到军舰上，损毁价格昂贵的设施设备。

图 3-13

目视遥控着陆回收

这种方法多用于轻型无人机。回收时，地面操纵人员一面目视远方逐渐下降高度的无人机，一面通过遥控装置控制无人机的飞行姿态，直至其接地。由于轻型无人机的尺寸一般都比较小，操纵人员在地面用目视的方法控制无人机着陆，难度较大。而且操纵人员无法立刻感知无人机飞行状态的变化，即使是经验丰富的操纵员也难免失误。重型无人机的目标大、好观察，用目视遥控着陆的方法回收似乎要容易一些。但无人机越大就越贵，造价高达数百万甚至几千万元，这对地面操纵员构成了很大的心理压力，稍有不慎，便会导致巨额的损失。因此，大型无人机一般不采取这种方式回收，目视遥控着陆只是作为一种备份方案。只有在无人机的自动着陆系统出现故障或偏差时，才由地面遥控操纵员接手。

电视遥控着陆回收

某些无人机的头部带有摄像装置，地面站人员可从荧光屏上观看

到从无人机上传回的现场实时图像,操纵员坐在模拟驾驶舱内,根据"实景图像"的情况操纵驾驶杆和油门,遥控装置及时向无人机发送遥控指令,控制无人机安全着陆。这种操纵方式与有人驾驶飞机几乎一样,准确、可靠,但它的视景偏小,而且机载和地面设备都比较复杂,造价较高。由于测高、定位精度不够,无人机要想实现自动着陆很困难,也很危险。

拦阻回收

这是为缩短滑跑距离,在跑道上放置弹性拦阻索的方案,如图3-14所示。无人机着陆后,用着陆尾钩挂住拦阻索,就能很快地减速并停机。其着陆过程与有人驾驶的航空母舰舰载机的着舰情况相似。这种办法的好处是:起降场的面积可以大大缩小,有利于无人机在前线地区使用。

图 3-14

全地形回收

这种回收方法的设施很简单,只要在地面上架设两根高度较高的杆子,然后在两根杆子之间拉一条绳子。无人机返回时,先从翼尖或翼下放出两根带有钩子的短索(钩子的重量较大,再加上此时无人机已降低了飞行速度,因此,短索是向斜下方倾斜拖出的)。随后,无人机在地面人员的操纵下,向着两根高杆之间的横索上方飞去,利用下垂的钩子挂住横索。一旦被钩上,无人机就会一头"扎向地面"。不过,此时

不必担心无人机的安全，因为，其翼下放出的带有钩子的绳子很短，离地面较远。这种回收方式不受地形的影响，在山区、城区、海区都能使用，因此被誉为"全地形回收"。

3.2 无人机的飞行模式

飞行模式（Flighting mode），可以理解为操作者对飞行器飞行姿态的一种控制关系。在目前的消费级无人机中都内置提供了许多飞行模式。我们了解并熟悉了这些飞行模式后，能够大大减轻操作的负担，从而将更多的注意力放在任务的执行上，这样可以提高任务的成功率，降低摔机的次数。

常见的飞行模式有（辅助）平稳模式、悬停模式、返航模式、自动起降、自动航行模式等。接下来，我们就分别介绍这些不同的飞行模式。

3.2.1 平稳模式

平稳模式是指操控人员在对无人机下达控制指令后，在双手离开手柄的那一刻，自动驾驶仪就接替驾驶无人机，保持其飞行的高度和稳定性。即便遇到阵风，无人机也可以做出相应的调整，以保持正常的飞行。这种模式使无人机的飞行变得更加简单，让没有飞行经验的操作人也能很好地驾驭无人机，避免犯下致命的错误。所以也有人把这样的模式叫作"简单模式"（Simple mode）。在这种模式下，例如无人机的前向固定在北方，使用遥控器杆控制其向东西和南北，飞行只跟地理方向相关。如果你想让无人机的飞行更加简单，还可以忽略无人机的指向，遥控器只控制无人机与 Home 点的远近，以及其围绕 Home 点向左 / 向右绕行。

平稳模式其实不是单独的模式，它是与其他模式组合使用的，目的在于简化非专业人士对飞行的理解，而不是替代手动驾驶。

3.2.2 悬停模式

悬停模式是指旋翼无人机保持悬停状态，即使是在风中也不例外，此时的无人机保持一定的高度，围绕自己所处的位置盘旋，包括俯仰、横滚和航向都是由遥控器控制。我们以四旋翼无人机为例，来看一看悬停模式下的飞行原理。

四旋翼无人机通过调节 4 个电动机转速来改变旋翼转速，实现升力的变化，从而控制飞行器的姿态和位置。四旋翼无人机是一种六自由度的垂直升降机，只有 4 个输入力，但同时却有 6 个状态输出，所以它又是一种欠驱动系统。因此，同时增加 4 个电动机的输出功率，旋翼转速增加使总的拉力增大，当总拉力足以克服整机的重量时，四旋翼飞行器便离地垂直上升；反之，同时减小 4 个电动机的输出功率，四旋翼飞行器则垂直下降，直至平衡落地，实现沿 Z 轴的垂直运动。当外界扰动量为零时，在旋翼产生的升力等于飞行器的自重时，飞行器便保持悬停状态（如图 3-15 所示）。

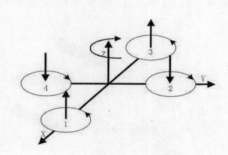

图 3-15

对于普通的玩家来说，不需完全弄懂这些理论知识，只要熟练掌握无人机上各种传感器和自动控制系统，就能实现漂亮的悬停。从根本上

来说，自动悬停就是将无人机固定在预设的高度与水平位置上，其实也就是一组三维坐标。无人机要确定自己的高度，就需要通过超声波传感器（测量与地面的距离）或者气压计（高度会影响大气压的变化）来测量，而水平位置的坐标则由 GPS 模块来确定。当然，GPS 也可以提供高度信息，但对于主流的无人机来说，更倾向于使用气压计。除了 GPS 模式来定位外，无人机还有一种"姿态模式"，依靠的是内部的 IMU（惯性测量单元，实际上就是一组陀螺仪 + 加速度计传感器）来识别自身的飞行状态和相对位移。

通过各种传感器知道自己的高度与水平位置后，无人机要如何悬停在这个预设的位置上呢？这其实就是一套负反馈自动控制系统（意思就是偏离预设值就自动调整回来）。以 GPS 模式为例，当无人机受到外界影响，高度有升高或者降低的趋势时，控制单元就会调节电动机的功率进行反方向运动补偿；如果无人机有被风横向吹离悬停位置的趋势，控制单元可以启动侧飞模式与之抵消（如图 3-16 所示）。一般情况下，专业多轴无人机抗 4 级风是没有问题的，你所看到的就是它稳稳地定在那里没有动。如果天气不是很好，GPS 搜索困难的时候，姿态模式就派上用场了。依靠无人机内部的 IMU 单元，系统可以识别当前的飞行姿态，进行自动平衡补偿，同样可以实现高度和水平位置的锁定。

侧向气流干扰

智能悬停系统反向运动补偿

图 3-16

120　　无人机大揭秘

3.2.3 返航模式

　　无人机在飞行过程中如果遇到信号丢失、电量不足或者过分远离的情况时，我们一般最先想起的是无人机的返航功能，也就是无人机能够自主飞行至返航点（如图 3-17 所示）。

图 3-17

　　具体而言，返航模式需要 GPS 信号良好（移动设备上 GPS 图标为绿色）、指南针工作正常且飞行器成功自动或手动记录了返航点。满足了这些条件，无人机在遥控器信号或图像信号中断超过 3s，或者电池低电量返航提示超过 10s，飞控系统将接管飞行器控制权，控制飞行器飞回最近记录的返航点。如果在返航过程中信号恢复正常，返航过程仍将继续，但可以通过遥控器控制飞行航向，且可短按遥控器智能返航键取消返航。但是，返航模式也有风险，如果操作不当，很可能返航失败。

　　所以，在使用该功能之前，一定要注意以下几点。

① GPS 信号良好。如若信号欠佳（GPS 图标为灰色）或者 GPS 不工作时，则无法实现返航，如图 3-18 所示。

图 3-18

② 正确记录最近的返航点。为了能准确设置返航点位置和加固安全，自动返航点最好每次都手动设置一下。因为当接收到的有效卫星数量大于等于 8 颗时，GPS 图标颜色转为绿色，无人机启动电动机时便刷新当前位置为自动返航点。如果没有成功设置准确的返航点就起飞时，当无人机在飞行过程中接收到 8 颗有效卫星时，飞行器就自动以此刻的坐标为返航点了。

③ 飞前设置合理的失控返航高度。因为无法自动避障，可根据地图大致了解一下飞行地点周围的建筑物高度、密度，然后根据环境需要来设定飞机失控后的行为动作。因为无人机在自动返航过程中无法自动避障，就必须设置一个比较合理的返航高度。如果设置高度太低，返航时可能碰撞建筑物而炸机；如果设置返航高度过高，无人机就需要先垂直上升到预设的高度再返航，整个返航过程的耗电量会大幅增加，导致无人机在返航或下降过程中电池耗尽而致炸机。所以，根据设置的返航高度，可适当调整一下低电量的一级和二级警告线的百分比。

④ 返航过程中，要适时控制航向或切换手动模式。例如无人机受指南针干扰后，会切断指南针与 GPS 模块的工作状态，这时

使用自动返航功能是无效的。所以此时需要手动切换姿态模式来操控飞机,如果没有开启该选项,遥控器进行飞行模式切换是没有用的。在出现低电量返航提示时,如果没有手动取消返航提示,过10s后无人机会执行自动返航指令,此时想要手动降落,就需要先取消自动返航的提示,但是,在严重低电量的情况下,无法手动取消返航。

除了这些主要的注意事项,还有一些小细节也不能忽视。因为降落点可能没那么准确,所以下降过程中需要手动控制一下落点,让飞机降到合适降落的平整区域。另外,有时候自动降落的速度很快,快落地时最好控制一下油门让飞机落慢一点。

3.2.4 自动起降

无人机自动起降。简单地说,就是不需要手工参与,无人机能够实现自主起飞和降落。自动起降功能尤其适用于旋转翼无人机,你只需要按下一个按钮,无人机就可以自动上升至几米的高度然后保持悬停状态;要降落时,随着无人机的机身接近地面,速度会不断下降,最后在接触地面的时候自动关闭引擎。旋翼无人机的垂直起降方式便是自动起降的一种。

当垂直起降遭遇无人机

垂直起降技术顾名思义就是飞机不需要滑跑就可以起飞和着陆的技术。它是从20世纪50年代末期开始发展的一项航空技术。

这里把飞机的飞行分为三个主要阶段,即起飞、平飞和降落,其中飞机实现起飞和降落的方式就是滑跑方式,所以需要机场跑道(如图3-19所示)。而垂直起降主要指固定翼飞机可以不用借助跑道而在原地就能垂直起飞和垂直降落。垂直起降技术的诞生主要是因为飞机滑跑起飞方式的不足,特别是在历次战争中的表现,让飞机的垂直起降进入人们的视线。第二次世界大战及中东战争等直接对敌方机场的袭击让人

们感受到了需要跑道的滑跑式飞机的不足之处，而冷战则是垂直起降技术的催化剂。第二次世界大战后的20世纪五六十年代，在极有可能爆发核战争的阴影下，人们担心出现核大战对机场造成破坏、常规飞机无法出动的局面，所以催生了固定翼飞机的垂直起降技术。

图 3-19

　　垂直起降飞机减少或基本摆脱了对跑道的依赖，只需要很小的一块平地就可以拔地而起和垂直着陆，所以在战争中飞机可以分散配置，便于灵活出击、转移和伪装隐蔽，不易被敌方发现，出勤率也大幅提高，并且对敌方的打击具有很高的突然性，大大提高了飞机的战场生存率。另外，具有垂直起降能力的飞机不需要专门的机场和跑道，这样就省去了昂贵的机场建设费用，不用驱鸟了，也能在恶劣气象条件下起降，降低了使用成本，所以飞机的垂直起降成了航空发展的一个方向（如图3-20所示）。

图 3-20

　　当垂直起降遇到无人机之后,又发生了很多故事。我们知道,无人机发展经历了固定翼→单旋翼→多旋翼三个阶段。无人机最早用于军事领域,固定翼无人机有着续航时间长、作业半径大的特点,但是对起飞降落场地有一定的要求,且无法空中悬停。2000 年,单旋翼无人直升机出现,这类无人机有着垂直起降、空中悬停的特点,但是单旋翼无人机结构复杂,零部件很多,导致它的研发成本非常高,周期非常长,维修不方便,对操作者的培训也要求很高,目前市场上做单旋翼无人机的厂家很少。

　　多旋翼无人机有单旋翼无人机的优点,且结构简单、操作简便,安全稳定性好,性价比也高很多,是目前主流的无人机结构。可是不管是哪种翼型的无人机都存在一些问题。例如,多旋翼无人机最大的问题是续航能力比较差,每次只能飞 20 多分钟,这使它们的飞行距离和范围受到了很大的限制。而固定翼无人机虽然续航能力强,速度也更快,但起飞和降落都是十分麻烦的事情。有的是像投射标枪一样用手扔出去,有的则是用大型弹弓弹射出去。而降落则有可能直接冲地撞毁,军方甚至尝试过在无人机降落时用一张大网把它兜住。

　　垂直起降无人机由于不需要跑道就能起飞，目前在专业级应用领域大受欢迎。但目前不少垂直起降无人机要么就是仅限军用，要么就是由内燃机提供动力，维护起来十分复杂，或者干脆就是续航时间和载重等较小。总结起来就是：空域较大且需求长航时的项目，固定翼无人机无法起降，直升机、多旋翼机满足不了航时需求，无人机"用不了"；大多工业级无人机、质量稍微好一点的偏贵，无人机"用不起"；无人机买回家了，发现无人机结构复杂，操作烦琐，怎么使用都"用不好"，想要培养一个高素质的"飞手"也困难重重。唯有打造出航时长、垂直起降、结构简单、操作简单、价格便宜的无人机，才能真正解决让人烦恼的无人机的泪点与痛点。

　　德国的汉斯－彼得·汉姆博士创办了无人机公司 Aerolution，他们的 SONGBIRD 系列无人机采用固定翼的结构，却可以实现和多旋翼无人机一样的垂直起降，不需要跑道或其他辅助设施。其中的秘诀是什么呢？其实是因为它有可以动的螺旋桨。无独有偶，我国也开发了类似的无人机。例如 CW-20 大鹏无人机（如图 3-21 所示），采用复合翼形式，以常规固定翼飞行器为基础，增加多轴动力单元，在起降及低速状态下按照多轴模式飞行，通过多个螺旋桨产生的拉力克服重力和气动阻力进行飞行。在高速状态下，按照固定翼模式飞行，通过气动升力克服重力，通过拉力向前的螺旋桨克服气动阻力实现飞行。复合翼方案无须额外机构，结构简单，不存在大幅度飞行姿态变化，导航解算容易。

图 3-21

而对于固定翼的无人机来说，由于目前还不能实现垂直起降，所以它们在自动起飞前，需要先判断风向，确定风向后相应地决定无人机的起飞方向。一旦无人机相对于空气的速度超过规定值，自动驾驶仪将启动引擎，调整无人机获得理想的上升角度。同样，在着陆时，固定翼无人机则需要逆风呈环形路线下降。

3.2.5　自动航行模式

自动航行模式（Auto mode）对消费级无人机来说是一个福音，它无须人工手动操控，可以实现全自动化飞行。这样就解放了玩家的双手，他们只需要带上控制跟踪器，将无人机放飞到空中就能够自动飞行。飞行期间，除了拍照快门以外完全不需要手动控制，整个过程将会变得十分方便。当切换到此模式时，飞行器会按照预先设定的飞行方式和飞行航点自主导航完成整个飞行过程，其中包含自主起飞、航点任务和自主降落。航点设置可在地面站软件中完成，并需要上传至飞控。值得注意的是，自动航行模式的飞行控制是基于悬停模式和巡航模式的，所以在自动飞行之前，需要先完成悬停模式和巡航模式的调试。

自动航行并不是意味着手工完全不能介入，在飞行过程中，操作者可随时遥控切换进入其他模式，但是再次从其他模式切换回自主飞行后，仍然会从任务规划的第一个任务开始重新执行。而且飞行中横滚、俯仰和油门操作将不起作用，但是可以用遥控器控制飞行器的指向，以便让其指向特定目标。当飞行到下一个航点时，飞控会重新调整飞行器的指向。

对于无人机的专业研究人员来说，自动航行还意味着可以人工编程飞行航线（如图3-22所示）。无人机的飞行路线是由一个中继点到达另一个中继点（Way Point，中继点的位置由地理坐标和高度决定），而无人机在处于两个中继点之间的飞行速度和任务行为都可以提前设

定。例如，可以预先设定无人机在某处悬停拍摄照片。一般而言，在无人机起飞之前，可以将预先设定的程序下载到自动驾驶仪里，然后，在操作无人机起飞之后，自动驾驶仪就可以随时执行程序中的命令。不过，这样的编程对普通无人机玩家而言有些难度，所以，目前的消费级无人机都已经预设好了不同的飞行模式，其中就包括自动飞行。消费者只需要选择不同的模式，就能够实现无人机的自动航行。

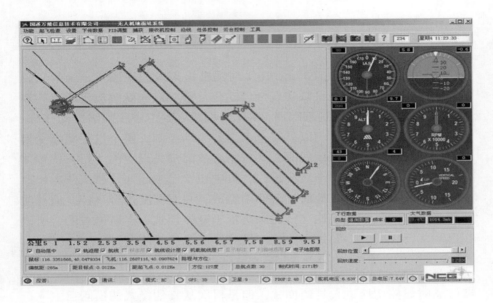

图 3-22

3.2.6　自动航行模式的危险

完全使用自动驾驶仪控制无人机飞行，也存在着一些潜在的风险。

1. 机械故障

无人机首先是一个飞行器，作为一个密度大于空气的飞行器，无人机和有人机一样，飞行的每分钟都是在与重力做抗争，飞行的每分钟都是在风中行走。机械故障非常致命，譬如舵或者旋翼发生故障时，操

控人员很快就能发现这一问题，并命令无人机立刻下降。但是自动驾驶仪在平稳运行时，很容易掩盖这些故障，最后导致十分危险的后果。

2. 链路干扰

无人机在起飞、降落段一般采用 2.4G 遥控器控制，而更远距离则使用频率几百兆的微波电台下达飞行指令。虽然机载的电台与地面电台同时不停地改变频道，不担心被破译，也不担心失锁，但是在远距离飞行的时候还是要防备通信联络被干扰或者遮蔽。为了应对链路中断，一方面需要使用性能和可靠性好的电台，一方面需要规划、勘察好航线，另一方面就是尽量手工操作。

3.GNSS 干扰

GNSS 是全球卫星导航系统的简称，无人机需要 GNSS 系统来获取自己的位置信息是必需的。GNSS 的定位精度高，无人机的航线精度也就高，没有 GNSS 的位置信息，无人机基本上寸步难行。所以为了以防万一，即使装备了自动化程度很高的飞控系统，也最好有"飞手"保驾。尤其在楼宇密集的地方起降，为防止多路径效应带来的定位误差，还是手动降落能够避免危险。

4. 自然环境

目前民用无人机的应用主要是在低空和超低空，不管是无人机还是有人机，在低空飞行时都会受许多外部环境的影响。首先天有不测风云，突然出现的风雨雷电都会威胁飞行安全；其次低空地形复杂，导致气流紊乱，产生风切变；再次低空环境复杂，可能出现难以察觉的障碍物或其他飞行物；最后在复杂地形低空飞行中，飞行器与地面距离不一，可能让"地效"时有时无，加大操控难度。低空飞行的不可预知因素太多，危险性很大。为保证飞行安全，需要尽量认真地勘察好航线，确定合理的飞行高度，密切关注气象状况。在自然环境欠佳的场合，尽量不要用自动航行模式。

3.2.7　其他飞行模式

除了上文所提到的一些主要的飞行模式，还有一些不常见的飞行模式。

1. 直降模式（Land mode）

进入直降模式后，无人机首先以设定的速度下降至 10m 高度，然后以默认 0.5m/s 的速度继续下降，直至判定飞行器落地，自动关闭电动机。在下降过程中，无人机俯仰横侧可控。

2. 巡航模式（Loiter mode）与光流模式（OF LIITF mode）

巡航模式下，无人机保持高度，俯仰横滚姿态和航向不变。遥控器控制时，无人机以很慢的速度在各个方向移动，前后左右的默认移动速度为 5m/s，光流模式与巡航模式功能相同，但是会使用光流传感器以便获得更好的定位。

3. 兴趣点环绕（Point of Interest）

无人机选择一个地点或拍摄对象，可以在飞行中保持面向拍摄对象，并自动环绕拍摄对象飞行。

4. 跟随模式（Follow mode）

无人机可以跟随地面上装有全球卫星定位系统的发射器所发射的信号，从而可以自动跟随汽车、船只和地面上的行人。

5. 航点飞行（Way points）

无人机可以记录航点，生成航线并自动飞行，可以让操作者在飞行中专注操作相机，捕获出色的影像。

6. 特技模式（Acro）

在该模式下，无人机可以做出环绕（Circle）、漂移（Drift）、

姿态保持（Pos Hold）等高难度的花样动作（如图 3-23 所示）。无人机以一个设定的距离，绕一点飞行，其横滚和俯仰不能控制，无人机前部总是指向该点，并且可以控制高度，称为"环绕动作"。无人机进行漂移，简单来说就是让多轴飞行器像固定翼一样飞行，模拟 FPV 飞行。用遥控器控制航向和俯仰，滚转则由飞控自动控制，这样实现用一个遥控杆控制无人机，使用油门可直接控制其高度。

图 3-23

3.2.8 模拟飞行

模拟飞行也可以称作"飞行模拟"，是指通过计算机软件及外部硬件设备来对真实世界飞行中所遇到的各种元素，例如空气动力、气象、地理环境、飞行操控系统、飞行电子系统、地面飞行引导等，综合地在计算机中进行仿真模拟，并通过外部硬件设备进行飞行仿真操控。简而言之，是在不确定无人机的续航时间能否完成任务，或者想进一步确认无人机在绕过障碍物的同时能够保持最短航线，防止偏离航线时，可以预先进行模拟飞行，这样可以提前考虑各种因素，防止坠机的发生。

目前，模拟飞行主要通过计算机模拟飞行软件实现。"微软模拟飞行"是一款非常专业的飞行模拟软件，要求操纵者具备基础飞行原理的相关知识，其内置机型也很丰富，只不过此软件要求计算机配置比较高（如图 3-24 所示）。在安装好模拟飞行软件之后，还需要了解一些模拟飞行的技巧。

图 3-24

刚开始使用时，一般选择第一视角和客机模型，让新手易于找到飞行的感觉。当有了一定的飞行认知后，就可以尝试一般视角和灵活的机型了。在大量的模拟器训练过程中，还要掌握如下诀窍：

※ 始终能看见地面景物。易于判断飞机姿态及方位，同时根据地标选择降落航线的拐弯点和跑道延长线。

※ 模拟入门练习时间。约 5~20h，新手至少应练习 500~1000次降落，直到非常熟练。

※ 降落技巧。下降的同时略有速度，离地半米时略拉水平舵，让

飞机抬起头三点同时接地，或后轮瞬间先接地，这也是实际降落的诀窍。

※ 加风训练。在熟悉了起飞、降落和航线后就应该逐步在模拟器中增大风速，并改变风向为正侧、左侧、右侧各训练100次以上以适应各种风向。因为实际飞行中必然是在风里飞行的。

※ 滑跑训练。滑跑是起飞、降落的前提，而飞机因为自身的误差及风向影响必然会发生滑跑中跑偏的问题，加上飞机惯性大，机轮对飞机的方向控制能力差。若按常规的方法一直打舵飞机必然转不过来或过量跑偏撞机，所以不要忽略飞机的滑跑训练（如图 3-25 所示）。

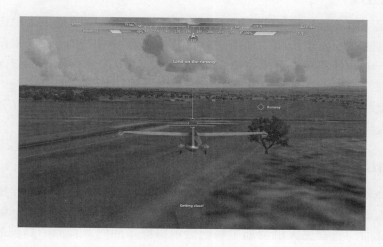

图 3-25

3.2.9　飞行控制与实用载荷

通过大量的模拟飞行之后，就可以尝试用自己的无人机进行试飞了，一般的无人机都会配有如图 3-26 所示的"盒子"形遥控器。作为新手，尤其要注意无人机的起降。接下来，我们就详细介绍一下如何控制无人机的起降。

图 3-26

1. 起飞过程

起飞时，远离无人机，解锁飞控，缓慢推动油门等待无人机起飞，这就是起飞的操作步骤。其中推动油门一定要缓慢，即使已经推动一点距离，电动机还没有启动也要慢慢来。这样可以防止由于油门过大而无法控制飞行器。在无人机起飞后，不能保持油门不变，而是在无人机到达一定高度（一般离地面约1m）开始降低油门，并不停地调整油门大小，使无人机在一定高度内徘徊。

2. 降落过程

降落时，同样需要注意操作顺序：降低油门，使无人机缓慢地接近地面，离地面约5~10cm处稍稍推动油门，降低下降速度；然后再次降低油门直至无人机触地（触地后不得推动油门）；油门降到最低，锁定飞控。相对于起飞来说，降落是一个更为复杂的过程，需要反复练习。在起飞和降落的操作中还需要注意保证无人机的稳定，无人机的摆动幅度不可过大，否则降落和起飞时，有打坏螺旋桨的可能。在熟练掌握无人机的起飞、降落之后，可以进行更高一级的操作。

3. 上升过程

无人机的上升是通过螺旋桨转速增加来实现的。主要的操作杆是

油门操作杆，练习上升操作时，缓缓推动油门，此时无人机会慢慢上升，油门推动越多（不要把油门推动到最高或接近最高），上升速度越大。在达到一定高度时或者上升速度达到自己可操控限度时停止推动油门，这时，会发现无人机依然在上升。若想停止上升，必须降低油门（同时注意，不要降低得太猛，保持匀速即可）直至无人机停止上升。然而这时会发现无人机开始下降，这时又需要推动油门让无人机保持高度，反复操作后飞行器即可稳定。

4. 下降过程

下降过程与上升正好相反。下降时，螺旋桨的转速会降低，无人机会因为缺乏升力开始降低高度。在开始练习下降操作前，确保无人机已经达到了足够的高度，在无人机已经稳定悬停时，开始缓慢下拉油门。注意，不能将油门拉得太低。在无人机有较为明显的下降时，停止下拉油门摇杆。同时，注意不要让无人机过于接近地面，在到达一定高度时开始推动油门迫使无人机下降速度减慢，直至无人机停止下降。

5. 俯仰飞行

俯冲操作时，无人机的头部会略微下降，机尾会抬起。对应螺旋桨的转速则是机头两个螺旋桨转速下降，机尾螺旋桨转速提高，随之螺旋桨提供的力就会与水平面有一定的夹角。这样一来，不仅可以给无人机提供抵消重力的升力，而且提供了前行的力。这时升力也会减小，所以无人机会降低高度，可以适当推动油门。操作俯冲的摇杆，只要往前推摇杆，无人机就会俯冲向前。同样，在俯冲前行时要注意，开始俯冲时要让无人机达到一定高度，对于新手，最好是离地一人以上的高度，并且确认无人机前行的"航线"上没有任何障碍物。

6. 上仰飞行

上仰练习与俯冲操作类似，只不过需要将摇杆从中间位置向后拉动。在拉动过程中，无人机尾部两个螺旋桨会缓减转速，机头两个螺旋

桨会加快转速，然后会出现与俯冲操作类似的现象，只不过无人机会向后退行。所以在练习操作时需要确保无人机后退的线路上没有任何障碍物，包括操作者自己也不要站在无人机后面，以免发生意外。确保一切安全后就可以开始操作练习了，缓慢拉下摇杆，使无人机开始退行时停止拉动摇杆，这时无人机会继续退行，退行一段距离后，缓慢推动摇杆直到摇杆恢复到中间位置时停止推动，这时无人机就会停止退行，上仰练习完成。

7. 偏航飞行

左偏航练习是在无人机前行时，使无人机向左偏转的操作（类似于汽车转弯）。在进行偏航操作时，使用到的摇杆是油门摇杆，但是只有左、右方向的才是偏航操作。在左偏航时，摇杆轻轻向左摆动，当摆动以后，无人机的机头会开始偏向，其实无人机没有使用俯仰操作时，直接摇动偏航，无人机会原地旋转（类似于陀螺），转动方向与摇杆打的幅度有关系，摇杆偏离中心位置越大，转动的速度越快。右偏航练习同左偏航练习类似，只需要将摇杆向右打，同样也需要两种练习，即右转弯和旋转。在此提醒读者，右偏航和左偏航练习交替进行更好。

8. 悬停

悬停是一项比较基本但较为复杂的操作。悬停操作需要达到的要求是：保持无人机高度不变，保持飞行不会出现前移、后退，保持无人机不会左右摇摆。

9. 直线飞行

直线飞行是一个相对简单的操作，理论上来说，只需要推动方向杆即可，但是实际情况不会这么简单。同样由于飞控传感器和算法的问题，有时候是有风的缘故，无人机不会完全按照发射机的操作来完成动作。所以这时需要调整发射机的操作，保证无人机沿直线飞行，不过需要注意，在俯仰摇杆推动或下拉的幅度过大时，无人机就有下降的趋势，

甚至在幅度过大时直接冲向地面，所以在进行操作时需要注意安全。

10. 曲线飞行

　　曲线飞行就是让无人机沿着一条曲线飞行，可以是 Z 字形或 S 字形。这样的飞行方式不单单是为了好玩，而是为了锻炼操作者自由操控无人机的方式，类似于"违反常识"的感觉，所以需要反复练习操作方式并感受无人机的飞行规律。曲线飞行操作，肯定有别于直线飞行，当然也比直线飞行要复杂得多。首先，明确飞行路线，确保飞行路线上没有任何障碍物或人；然后在无人机起飞后，就开始沿着曲线路径飞行，飞行时，需要用油门摇杆控制无人机的朝向，使用方向摇杆让无人机开始前进飞行，这样的运动组合就是曲线飞行。

　　除了掌握这些基本的飞行控制技术外，还需要牢记一些注意事项。在操作无人机飞行前，应对无人机的各个部件做相应的检查，无人机的任何一个小问题都有可能导致在飞行过程中出现事故或损坏。例如，安装电池前应先检查机械部分相关零部件的外观，重点检查螺旋桨是否完好；检查电动机安装是否紧固、有无松动等现象；检查机架是否牢固，螺丝有无松动现象；检查电池有无破损、鼓包胀气、漏液等现象；检查遥控器设置是否正确；遥控器电池电量是否充足；各挡位是否处在相应位置；各摇杆微调是否为 0 以及安装电池前油门是否处于最低位置等。

　　其次，在飞行过程中，"飞手"应时刻清楚飞行器的姿态、飞行时间、飞行器位置等重要信息，以确保飞行器和人员保持安全距离；确保飞行器有足够的电量能够安全返航；若进行超视距飞行，应密切监视地面站中显示的飞行器姿态、高度、速度、电池电压、GPS 卫星数量等重要信息。

脑电波也能控制无人机

　　想象一下，如果有一天你能够不用双手，仅凭自己的意念操控无人机，是不是很神奇呢？令人期待的是，这件事正在发生着。

2015 年初，葡萄牙无人机厂商 Tekever 主导的一个项目 Project Brainflight，使用高性能的脑电波系统去测量大脑的某些部分，随后通过特定的感知算法将大脑信号转换为无人机指令（如图 3-27 所示）。实际上，无人机操作者需要佩戴专门的设备以测量大脑的活动，而他们只需简单地思考即可完成操控。不过，操作者需要接受几个月的培训，才能熟悉这个系统，从而使用思想去控制计算机屏幕上的一个圆环上下运动，进而控制无人机的方向。

图 3-27

该技术的出发点是为了帮助残障人士去控制飞行器，不过，该公司还有着更长远的目标，例如取代货运飞机和客机的飞行员。并且在未来，如果这一系统作为一种飞行器控制方式被接受，那么将会改变整个飞行世界。当然，也有人对这个系统表示怀疑，例如航空业咨询师约翰·斯特里克兰就认为目前的科技水平还远远不能控制真正的大型飞机，所谓的脑电波只不过是商家的宣传广告而已。

11. 实用载荷

对于军用无人机而言，现在最主要的使用领域是侦察和监测，无论搭载的是光电还是红外设备，这类电子吊舱重量通常都在数千克以上。这样强大的挂载能力，是消费级无人机难以望其项背的。所以，消费级无人机的载荷必须走"小而精"的路线。

12. 航拍相机

目前，消费级无人机的主要功能在于航拍，而相机的好坏直接决定了拍摄图片和视频的质量，因此航拍无人机所配备的相机是我们首先应该关心的。当前主流的是采用可更换式云台，可以用厂家自己推出的航拍相机，或用第三方的如 GoPro Hero4（如图 3-28 所示）等画质较为出色的运动相机，也可以挂载其他价格低廉的摄像头满足初步拍摄需求。可更换式云台的优点是通过更换更好的相机，可以尽可能地满足拍摄者的画质需求，后续升级的空间大；不过云台 + 相机的价格较高，而且重量较大，会影响飞行的时间。

图 3-28

随着遥控设备和云台一体化程度的增加，越来越多的无人机也采用了不可更换的航拍相机，与一体化遥控器等设备深度定制。这些相机使用方便，无须调试，适合新手使用。重量较轻，体积较小，有利于增加飞行时间。不过，中低端机型所集成的相机画质一般，通常只能采用厂家提供的数字图传，中低端机型的延迟较严重。

13. 航拍云台

云台是连接相机和无人机机身的关键部件。在无人机飞行时，由于螺旋桨的高速转动，难免会产生高频振动，同时无人机的快速移动也

会使相机也随之运动，如果没有一定的补偿和增稳措施，那么无人机拍摄出的画面将难以流畅、平滑，因此云台在无人机航拍过程中也起到了重要作用。

固定式航拍指的是相机直接连接到无人机机体上，拍摄角度固定或是有一定的俯仰角，通常采用减震球来隔离无人机飞行时的高频振动，对于飞行姿态的变化无法进行补偿。不过，通常摄像头画质较差，且无法更换，没有运动补偿导致视频拍摄效果不佳。

带两轴云台，通常可以实现俯仰和滚转两个方向的自动补偿，无人机在水平方向转向时没有补偿，需要"飞手"控制转向的转速，才能避免转向过快带来视频不连贯的问题。但是，在无人机运动剧烈时，视频拍摄的平滑性下降，由于云台电动机耗电，导致续航时间缩短（如图3-29所示）。

图 3-29

带三轴云台是拍摄视频的首选方案，具备俯仰、滚转和转向三个方向的自动补偿，保证无人机在进行运动时也能拍出流畅的视频。当然云台的补偿都是有一定范围的，如果无人机运动过于剧烈，云台增稳的效果也要打折扣，但有云台的效果还是会远远好于无云台的。所有专业航拍无人机都采用了三轴云台搭载摄影器材。虽然拍摄视频效果好，但价格较贵，而且由于云台电动机耗电，还会导致续航时间缩短（如图3-30所示）。

图3-30

航拍云台的发展

与几年前相比，现在玩无人飞行器的人越来越多。在过去，大多数以航模飞机爱好者为主，而随着电池和遥控技术的发展、航拍应用的普及，不知不觉中，无人机从鲜为人知变成了如今大众所认同的潮流玩物，这与航拍云台技术的发展密不可分，今天我们就回顾一下，云台在这几年里都有哪些变化？

实际上，云台是摄像工作中经常用到的，是安装、固定摄像机的支撑设备。它不对图像进行直接接收，而是控制摄像机或其他设备的方向转动。目前的云台大致可分为固定式航拍云台和电动可调节云台两种。

（1）固定式航拍云台

固定式航拍云台适用于监视范围不大的情况，在固定云台上安装好摄像机后可调整摄像机的水平和俯仰角度，达到最好的工作姿态后只要锁定调整机构即可。

广义上的航拍，被定义为所有在天空中拍摄的照片和视频，早在第二次世界大战期间就出现了，当时德国的光学厂商研制高素质的镜头，用于在飞机上拍摄地面的地形、军情等信息。在 2012 年以前，一般应用在军事领域的较多。

在一般的军用固定翼无人飞机上所采用的拍摄云台，大多数是固定式航拍云台，垂直面向地面拍摄，没有运动补偿等稳定画面的装置，而先进的军事侦察用的无人机中，加入了球形监视器摄像头，能够 360° 调整角度。其优点是能够保持机身气流的流畅性，全方位拍摄影像；缺点是画面清晰度较差，并且调整角度不太灵便。

在 2012 年前后，娱乐无人机刚面世时，无人机所采用的航拍云台普遍都是固定式云台，将相机与飞行器固定在一起，运用调整飞机的角度，调整航拍时的视角。固定式云台的优点是能够减少成本、减轻重量、省电，从而提高飞行时间；其缺点也非常明显，就是航拍画质较差、无法改变视角。

（2）电动可调节云台

电动可调节云台适用于对大范围进行扫描监视，它可以扩大摄像机的监视范围。电动云台的姿态是由两台执行电动机来实现的，电动机接受来自控制器的信号，精确地运行定位。在控制信号的作用下，云台上的摄像机既可自动扫描监视区域，也可以在监控中心值班人员的操纵下跟踪监视对象。云台根据其回转的特点可分为只能左右旋转的水平旋转云台和既能左右旋转又能上下旋转的全方位云台。在无人机应用上，

电动云台又可以细分为三轴和两轴的。

三轴稳定航拍云台是微型陀螺仪技术成熟后才诞生的，在过去，用来测量是否水平的陀螺仪都较为庞大，但随着科技的进步，陀螺仪被应用到航拍云台上，使航拍无人机在前进、后退时，由于飞机姿态的变化所产生的影像变化得以弥补。

三轴稳定航拍云台是现在主流航拍无人机所采用的航拍防抖云台，其优点是对航拍时的画面有全方位的稳定性，保证画面清晰；而缺点是工程造价较高，由于需要电动机控制所以比较耗电，降低了航拍的续航时间。

两轴稳定航拍云台其实是三轴稳定航拍云台的缩减版，被市场上一些定位为低端产品的无人机所大量采用，其原因是两轴稳定器能够降低成本，省去了垂直方向上的稳定补偿，对节电方面也会有所帮助。大多数航拍用的无人机都是轴对称的结构，而轴对称结构在垂直方向上的晃动都不是太厉害。

有些无人机的脚架有天线的作用，在飞行中，不能收起脚架，而航拍相机的水平转动会在航拍过程中碰到脚架，在实际使用中并不方便。此类型航拍云台的优点是价格便宜、拍摄效果还可以接受；而缺点也是耗电影响续航时间，同时在无人机剧烈运动的时候，视频拍摄不能平滑过渡。

其实手持云台的核心是三轴陀螺仪和三轴加速度传感器，实质上和无人机上搭载的三轴稳定航拍云台一样。手持云台把原本只有专业人士才能办到的事情，通过简单的电子稳定系统，让所有人都可以简单地拍出非常细致且完美的视频画面。手持云台能够实时获取数据计算出的倾斜角，然后把数据通过 PID 算法得出应该给电动机多少控制量。简单来说，拍摄者往左倾了，就让电动机往右校正；往右倾了，让电动机往左校正；往前倾了，让电动机往后校正；往后倾了，让电动机往前校

正。通过这种相互抵消来实现拍摄画面的稳定，别说是坐在汽车上拍摄，哪怕是坐在马车上都一样稳稳的。

在手持云台出现前，已经有专门用于稳定摄像机的设备——斯坦尼康了，那么斯坦尼康和手持云台的区别在哪里呢？

手持三轴云台和斯坦尼康最大区别是适应性和使用方式上。手持三轴云台承重有限，充其量也就是架设单反相机之类的拍摄设备，可单手也可双手握持，3min就能学会使用。采用了从无人机航拍云台上移植下来的电控系统，精度更高，稳定效果更好，相对于大型斯坦尼康要轻便得多，且方便携带，单人就能操作。斯坦尼康现在有很多类型，从单手握持到专业领域使用的带承重背心的大型斯坦尼康，对使用者的要求很高。作为一种高度人机结合的机械装置，其发挥空间更多的还是在人的表现，不像手持三轴云台那样，只需关注画面和焦点就可以了。想要自如运用需要很多练习，上手有难度。

未来的发展如下：

现在无人机航拍云台的耗电问题是影响无人机飞行的一大因素，虽然可以在提升电能使用方面努力，但减少耗电量也很重要，而在稳定云台的电动机耗电上，经实际测试，在其他因素相同的情况下，在不安装航拍云台下，飞行时间能够达到26min，而安装了航拍云台后，飞行时间下降至18min，安装了云台后减少了30%的续航时间。因此改进云台的耗电，尽量减少云台对电池的消耗，将省下来的电优先供给无人机续航，是厂商首先需要考虑的。

在未来，航拍无人机与VR技术结合是发展的潮流，但同时，高清晰度的全景视频和照片都会带来大量数据需要处理，仅仅1080P清晰度的视频，短短几秒钟也会有几百MB以上，4K视频更是天文数字。

3.2.10　分析飞行参数

飞行参数记录系统（flight parameter recording system）是一般飞机上自动记录飞行数据的设备，又称"飞行数据记录器"或"飞行参数记录仪"。由传感器、数据采集装置和记录装置组成，分为事故型和维护型两类。

1. 事故型飞行参数记录仪

事故型飞行参数记录仪，俗称"黑匣子"（如图 3-31 所示）。在结构上采用抗坠毁设计，能耐火烧、耐撞击、耐腐蚀等。为了便于人们在飞机失事后寻找，黑盒子外表漆成橙色并带有反光条，盒内装有信标机，当黑盒子坠入水中后能在一定时间内自动发送无线电信号。黑盒子一般安装在飞机上不易摔毁的部位，如垂直尾翼上。民航客机上还装备一种带有防护壳体的记录人员话音和舱内音响的舱音记录器。维护型飞行参数记录系统与事故型的区别在于前者不具备抗坠毁能力。

图 3-31

飞行参数记录系统记录的飞行数据有多种用途。首先是调查与分析飞行事故。根据飞行参数记录系统记录的飞机状态、位置参数、飞机姿态参数、发动机状态参数、飞行操纵参数、飞机操纵面的偏转角等信息，分析飞行事故的原因；其次是可利用飞行数据建立单机或多机飞行

档案，为制定维修计划提供参考依据；最后是利用飞行参数记录系统记录的飞行数据，评估飞行员完成飞行课目的质量。

2. 维护型飞行数据记录器

维护型飞行数据记录器是飞机上记录飞行信息的储存和读出装置。根据不同的记录方式和用途，在飞机上装备不同类型的记录器，如记录飞行参数记录器、记录飞机座舱音响记录器、供飞行试验用的机载模拟光学记录器、机载磁带记录器等。通常情况下，记录器所记录的信息主要用来分析飞机及机载设备在空中的实际工作过程，评估飞机、发动机及机载设备的工作性能，为进一步完善飞机及机载设备的设计和制造提供科学依据。

对于无人机而言，机上传感器的测量记录都存储在机内数码卡片上，用户通过 APP 可以看到这些数据（如图 3-32 所示）。分析飞行数据在无人机的整个使用寿命期间都大有裨益。例如在拍照时，将照片的数码数据与飞机各轴线上的海拔相关联，可以用来校正环幕照片，也可以通过无人机上的全球卫星定位系统把照片作为地理参照；另外，分析飞行参数对查明某次行动的错误、坠机等问题也十分有用。不过，对普通消费者来说，分析飞行参数是一项较为专业的工作，更多情况下需要求助于无人机生产厂家的技术人员。

图 3-32

3.3 天气对飞行的影响

也许你经常会听到"由于天气原因，航班取消"这句话，事实上，在目前延误的航班之中，天气占据了很大的份额。影响飞行的气象包括风、云、雨、雪、霜、露、闪电等。其中，风对飞行的影响最大，其次是温度、气流和湿度。

3.3.1 风

无论是飞机的起飞、着陆，还是在空中飞行，都受气象条件的影响和制约。其中，风对其造成的影响尤为突出。一般而言，风的种类主要有顺风、逆风、侧风、大风、阵风、风切变、下沉气流、上升气流和湍流等，在这里主要介绍顺风、逆风、侧风和风切变对飞机的影响（如图 3-33 所示）。

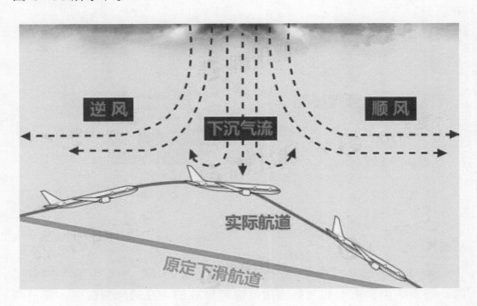

图 3-33

1. 顺风

顺风是指运动方向与飞机起飞方向一致的风。在这种情况下起飞是最危险的，因为无人机的方向控制只能靠方向舵完成，而方向舵上没有风就无法正确控制方向，容易造成飞行事故。飞机的垂直尾翼在逆风情况下有利于对飞机的方向控制，而顺风则不利于对飞机的方向控制。顺风还会增加飞机在地面的滑跑速度和降低飞机离地后的上升角，而且速度增加值大于顺风对飞机空速的增加值。

2. 逆风

逆风是指运动方向与飞机起飞方向相反的风。这种情况下起飞是最安全的，因为飞机的方向控制只能靠方向舵完成，而方向舵上有风就容易控制方向，容易保障起飞的稳定和安全。逆风可以缩短飞机滑跑距离、降低滑跑速度和增加上升角，这样就不容易使飞机冲出跑道。如果在起飞时，风力突然变化，对飞机的预定航线同样也会有影响（如图 3-34 所示）。

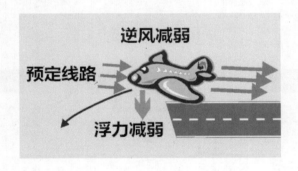

图 3-34

3. 侧风

侧风是指运动方向与飞机起飞方向垂直的风。在发生的与风有关的飞行事故中，近半数飞行事故是侧风造成的。在侧风情况下，要不断调整飞行姿态和飞行方向，而且尽量向逆风方向调整，即在起飞阶段，

飞机离开地面后，向逆风方向转弯飞行。

4.风切变

　　风切变（如图 3-35 所示）是一种大气现象，指在短距离内风向、风速发生明显突变的状况。低空风切变对飞机的起飞和降落有严重的威胁。强烈的风切变瞬间可以使飞机过早离地或者被迫复飞。在一定条件下还可导致飞机失速或难以操纵，甚至飞行事故。风切变的特征是诱因复杂、来得突然、时间短、范围小、强度大、变幻莫测。风切变的多少要看机场的地理位置。由于雷暴可以引起风切变，因此地理位置的纬度比较低，即接近热带的地方，出现雷暴的机会比较多，容易引发风切变。但风切变不仅仅源于雷暴，复杂的地形也可以带来风切变，例如机场的周围有山环绕，强风受山峦与谷地的地形作用，风切变的现象明显。此外，海风也易引起风切变。

图 3-35

　　风切变对一般飞机飞行的影响有：顺风风切变会使空速减小；逆风风切变会使空速增加；侧风风切变会使飞机产生侧滑和倾斜；垂直风切变会使飞机迎角变化。总体来说，风切变会使飞机的升力、阻力、过载和飞行轨迹、飞行姿态发生变化。

那么，在真实环境下，风力对无人机又有哪些影响呢？首先是续航。外部风力较大时，动力系统需要消耗更多能量来完成定点，并尽量抵消姿态变形，续航时间会缩水，从而必然影响飞行距离；其次是飞行速度，机体动能会高于或低于产品标称的性能；再次是云台稳定度变差，甚至导致录像和照片报废；最后是定点困难和航向干扰，需要"飞手"更细腻和精准地操控。

曾有报道称无人机在进行航拍时被风吹走，造成了很大的损失。所以，无人机的抗风能力也是目前消费级无人机的重要性能。一般而言，多旋翼无人机的抗风能力普遍在 3~4 级。当然，现在无人机厂家也在不断提升无人机的抗风能力。

能抗 8 级大风的超级无人机

2016 年 10 月的云栖大会上，一架四旋翼无人机 AEE F600 颇为引人注意，如图 3-36 所示。除了它高达 300 多万元的天价令人咋舌之外，它空载重量达到 7kg，高清视频实时传输距离可达 10~20km，可以在 7000m 海拔、3000m 高度以及暴雨中飞行，续航时间可达 60min，并且能抗 8 级大风的性能也刷新了人们对旋翼无人机的认知。

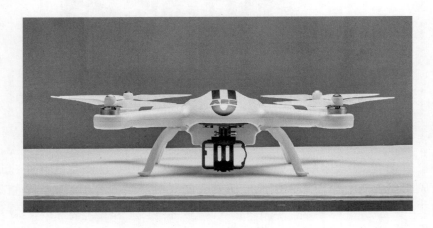

图 3-36

这样一架无人机来自中国的一电科技（AEE），其也是历经磨炼之后才诞生的。2007 年，AEE 正式启动无人机项目。这时，国外虽然已有个别企业制造多旋翼无人机，但整个行业还处在探索阶段。就连现在红遍大江南北的"大疆"，在那时也还很少有人知晓。在 AEE 第一代产品 F100 诞生后，先后去过南海海域、漠河极寒地带、罗布泊沙漠、西藏以及康定高原进行实地测试验证，测试高温、暴风、暴雨、暴雪、沙尘暴等各种环境下的产品表现，耗费大量时间和人力物力，就是为了精益求精。

　　至 2017 年，AEE 无人机已占据中国警用多旋翼无人机 90% 的份额，几乎所有省份的公安系统都使用了 AEE 的警用无人机，其全球首创的运动摄像机也在全球市场份额中排名第二。

　　不过，我们一般用于航拍的无人机，对风还是十分敏感的。不过如果一定要在有风的天气飞行，在掌握了一些技巧之后，也是能够将损害降到最低的。有风的天气，要怎样才能更安全地飞行呢？

　　这时需要关注静态悬停下的姿态值以及动态巡航时姿态值和速度两个指标，同时需根据机型在特定飞行模式下的性能，用无风天气姿态角与平飞速度的比例关系，估算风力。以"精灵 2"无人机为例，当起飞达到 11m 高度后发现，飞行器需要以姿态值 P−8 才能基本悬停定点时，代表机头迎风已达 3 级以上。随着飞行高度的增加，风力还有持续增大的可能。

　　由于地形不同，因此风的形成也不同，太阳辐射山顶受热快，白天山风上升，夜间山风向下。从地球表面到 100m 高空层内，空气的流动受到涡流、黏性和地面摩擦等因素的影响，靠近地面风速较小，离地面越高则风速越大。这时如有硬性作业需要，就需合理控制飞行高度、范围，并缩短作业时间。例如，爬升到作业高度 40m 后，可通过巡航感知姿态值和速度关系。若姿态值为 P−12，速度为 3~5m/s，则作业高度风力大于 4 级，飞行范围和时间还要进一步缩短。通过降低高度，

在一定程度上会缓解姿态开销。

一般经验是，如估算风力大于 4 级，不建议飞行，这样容易失控，而且返航时更容易耗尽电力而丢机。

3.3.2 上升气流与下降气流

飞机遇到气流，就像汽车行驶在崎岖不平的道路上一样，会产生振颤、上下抛掷、左右摇晃、操纵困难、仪表不准等现象。轻度颠簸强烈时，飞行员全力操纵飞机，仍会暂时失去操纵，当颠簸特别严重时所产生的较大过载因素（称"过载"）会造成飞机解体，严重危及飞机飞行安全（如图 3-37 所示）。如 1958 年 10 月 17 日，一架图 104 客机在莫斯科附近 9000m 高空突然遇到湍流造成强烈颠簸，使机翼折断而失事。

图 3-37

对于无人机也是一样，在遭遇气流时，也会发生上下颠簸的现象。如果没有注意到气流，稍有不慎无人机就会损毁甚至丢失，就连有 7 年航拍经验的"牛人"也会遭遇到这样的突发状况，所以拍摄一定要了解当地环境，有时候不能一味地为了视频画面而去冒风险。

民用无人机需要进行风洞测试吗？

可能对于很多人来说，并不知道什么是风洞测试。从流体力学方

面讲，风洞试验指在风洞中安置飞行器或其他物体模型，研究气体流动及其与模型的相互作用，以了解实际飞行器或其他物体的空气动力学特性的一种空气动力试验方法。简单来讲，就是依据运动的相对性原理，将飞行器的模型或实物固定在地面人工环境中，人为制造气流流过，以此模拟空中各种复杂的飞行状态，获取试验数据（如图 3-38 所示）。

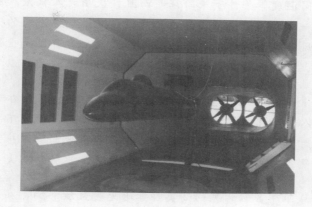

图 3-38

所谓"风洞"并不是一个洞，而是一个大型隧道或管道，中间有巨型电扇，可产生强劲的力流，经格栅等装置整理减少涡流后送入试验段。最大风速在 100m/s 以下的风洞，称为"低速风洞"，再高一级就是高速风洞到高超声速风洞。

目前，飞船、火箭、导弹，无一不是在风洞中完成试验的，然后才能翱翔九天，而无人机的研发和生产也越来越面向大众，那么它到底需不需要进行风洞测试呢？

在支持派看来，所有无人机必须进行风洞试验。一架无人机的设计流程与有人机差不多，需要考虑翼型设计、发动机选择，需要吹风洞、出厂试飞，也需要进行国家级验收审定。

有了风洞的检测才能让无人机的创新与技术，在科学的验证之下

向着前进的方向发展，更何况还能保证其安全性与稳定性，防止意外的发生。

反对派则认为，民用无人机做风洞测试意义不大。因为民用无人机一般都体积小，操作简单，完全可以进行实飞测验，在不同海拔、不同气压、不同湿度等条件下来验证。而且，民用无人机做风洞测试等于浪费钱。做一次风洞试验确实造价昂贵，说它是顶级烧钱的土豪试验也不为过。在风洞里，"吹风"一秒就是一欧元，真可谓是世界上最贵的风了。因此，民用无人机只需要做数字模拟风洞试验就可以了。

专家争论都有自己的观点和理由，那么我们该怎么办呢？不如放眼看看外国人是如何应对的。无人机发烧友都知道，千万不要在高楼密集的城区飞行，原因是高楼林立的地方往往会有地面难以感知的复杂气流，在这些气流的影响下，无人机很容易被吹翻，引发重大安全事故。

然而，城市中非常常见的鸟类却能够免受乱流影响，在高楼间自在飞翔，这是为什么呢？斯坦福大学的无人机发烧友也想弄明白这个问题，于是他们开发了一个专为身材娇小的鸟类设计的风洞。与汽车厂商身形庞大的风洞不一样，斯坦福大学开发的这个风洞非常迷你（如图 3-39 所示），但它也足以输出非常流畅、平稳的风。因此，我们也可以把大型飞机（或导弹）的风洞按照一定的比例缩小，这样就可以节约成本了。

图 3-39

3.3.3　多云及雨雪天气

除了气流的运动会对飞行产生影响外，一些常见的天气现象也值得引起无人机操作人员的重视。

1. 云

云是在飞行中经常碰到的、常会给飞行活动带来影响的一种气象条件。主要是云底很低的云影响飞机起飞和降落；云中的过冷水滴使飞机积冰；云中湍流造成飞机颠簸，云中明暗不均容易使飞行员产生错觉；云中的雷电会损坏飞机等。各种云中对飞行影响最大是低碎云，低碎云出现时，云高常常小于300m，有的仅几十米，而且云量多，形成极为迅速，云下能见度也很差，对飞机降落造成严重威胁。1986年1月29日美国一架CD-3飞机，在某机场下降准备着陆时，因低碎云影响视程，看不见跑道，在落地时没有成功、复飞时撞在高地上。

对于无人机而言，低云主要影响飞机着陆。在低云遮蔽的情况下着陆，经常会遇到飞机出云后离地面高度很低，如果这时飞机航向又未对准跑道，往往来不及修正，容易造成复飞。有时，由于指挥或操作不当，还可能造成飞机与地面障碍物相撞，造成飞机失速的事故。

至于下雨天，最好不要进行航拍。因为目前的消费级无人机的防水性能还远远不够，一旦无人机进水，则很可能损毁无人机。

2. 结冰

飞机在含有过冷却水滴的云或雨中飞行时，如果飞机机体的表面温度低于0℃，过冷却水滴撞在机体上就会立即冻结累积起来，这种现象叫"飞机结冰"。在飞行中一旦发生结冰，飞机的空气动力性能就会变差；流线型也受到破坏，使正面阻力增大，升力和推力减少，且结冰使翼状变形，破坏气流的平滑性，爬高速度、升降速度和飞行速度降低，飞行阻力增大，燃料消耗增加，并使导航仪和无线电通信设备失灵，严

重危及飞行安全。如果结冰较厚，还可改变飞机重心位置，影响稳定性，使操纵困难。

3. 雾霾

雾霾严重影响无人机操作员的可视距离（如图 3-40 所示），而能见度与飞行活动关系密切，它是判断气象条件简单还是复杂的依据之一，也是决定机场是否开放，飞机着陆起飞是用目视飞行规则还是用仪表飞行规则的依据之一。恶劣的能见度是航空的障碍，严重威胁飞机起飞、着陆的安全，也会给目视飞行造成困难。尽管现代机场和飞机装有先进的导航、着陆设备，但能见度对飞行的影响仍不能低估。在着陆的最重要阶段——判断高度后到接地，飞行员仍需要目视操纵，还不能做到"盲目"着陆。雨、云、雾、沙尘暴、浮尘、烟幕和霾等都能使能见度降低，影响航空安全。地面能见度不佳，易产生偏航和迷航，降落时影响安全着陆，处理不当，也会危及飞行安全。

图 3-40

4. 雷暴

雷暴是指伴有雷击和闪电的局地对流性天气，是夏季影响飞行的主要天气之一。闪电和强烈的雷暴电场能严重干扰中、短波无线电通信，

其至使通信联络暂时中断。当机场上空有雷暴时（如图 3-41 所示），短时间的强降水、恶劣的能见度、急剧的风向变化和阵风，对飞行活动及地面设备都有很大的影响。雷暴产生的强降水、颠簸（包括上升、下降气流）、结冰、雷电、冰雹和飑，均会给飞行造成很大的困难，严重的会使飞机失去控制、损坏、马力减少，直接危及飞行安全。现代飞机使用了大量的电子设备，特别是控制飞行状态的计算机，一旦被雷电影响，将造成严重的破坏，直接影响飞机的正常航行。因此，雷暴区历来被视为"空中禁区"，禁止飞机穿越。只要有雷暴天气，飞机是不允许飞行的。

图 3-41

5. 降雪

降雪对飞机飞行的影响主要是体现在几个方面：其一，大雪天气里，能见度严重变低，影响飞行人员的视线；其二，由于强冷空气的到来，地表温度急剧下降，所降雨雪遇到低温，会在跑道上迅速结成冰层。飞机轮胎与冰层间摩擦力减小，降落或起飞的飞机在跑道上会产生不规则滑动，不易保持方向，极易冲出跑道发生危险；其三，大雪使飞机机身积冰或结冰，冰霜的聚积增加了飞机的重量。同时，积冰可能引起机翼流线型的改变、螺旋桨叶重量的不平衡，或者汽化器中进气管封闭、起落架收放困难、无线电天线失去作用、汽化器减少了进气量使飞机马力降低、油门冻结断绝了油料来源、驾驶舱窗门结冰封闭了驾驶员的视线等，这些都可能造成严重的飞行事故。

因此，大雪天气里，为了保障安全，空中交通管制部门会加大飞机之间的安全距离，控制航班起降，加长间隔时间。对于无人机而言，就更加需要注意了。在这些恶劣天气，一定不要去冒险。

可应对恶劣天气的 3D 打印无人机

3D 打印无人机已经司空见惯了，但是在我们的印象中这些无人机总是经不起折腾的，比较脆弱。现在，国外设计师罗杰·弗里曼向人们证明，3D 打印同样可以制造出性能优良、不怕风吹雨打的无人机——Freebird One。

Freebird One 使用了结构封闭的转子，可以携带 20 磅重的有效载荷，可以在所有天气条件下飞行，而且由于其制造工艺是 3D 打印，因此很容易定制。Freebird Flight 公司称，当前的消费级或者商业级无人机绝大多数都安装着不受保护的螺旋桨，需要近乎完美的天气条件、飞行时间比较短，而且关键的电子系统冗余有限。这些限制导致无人机无法飞得太高、太远。"通过 Freebird One 的推出，我们希望能够推动整个行业提高产品的安全和性能标准"，弗里曼说。

据悉，无论是视觉上还是功能上，Freebird One 最与众不同的是其机身设计——SurroundFrame。目前该公司正在为这个设计申请专利。SurroundFrame 是一个直径达 3 英尺（0.9144 米）的碳纤维机身，上面安装着结构封闭的螺旋桨叶片，如图 3-42 所示。它可以承受飞行中对一些意外对象（如墙壁或栅栏）的撞击，而不会造成损害。

图 3-42

除此之外，FreeBird One 还使用了一整套经过优化的电动机、控制器、飞行计算机和电池等，创造出了一个世界级的系统。通常，无人机的用户往往不得不在性能和飞行时间之间进行权衡。但是 FreeBird One 的用户却无须做出妥协，该无人机同时提供了业界领先的飞行时间和性能，而且其安全性也比其他竞争对手略高一筹。

随着制作经验的增加，弗里曼的无人机从 Freebird One 版本一直升级到 Freebird X 版本，目的是要达到更轻、更防水以及可以负载更多的其他设备。整个无人机的部件只有电子产品和螺旋桨（最后弗里曼也成功打印了螺旋桨）是购买的，其他都是 3D 打印而成的。

弗里曼设计的最终版本无人机不带电池时的重量只有 8 磅，可连续飞行 35min，最大水平飞行速度为 113km/h，最大垂直飞行速度为 76.2m/min，最大负载可达 20 磅（约 9kg）。其另一大亮点在于，该无人机可以适应各种天气状况，包括雪、雨、大风（最大时速达 80km/h）等，如图 3-43 所示。弗里曼称仍会不断迭代，争取创造出功能更加强大，更加实用的 3D 打印无人机。

图 3-43

第 4 章

无人机的优势

近年来，无人机日益活跃在战争的舞台上，由传统的战场支援、保障逐渐变成战场上的真正"主角"。除了军事领域，无人机在民间也"越俎代庖"做起了很多份外事。本章将总结无人机在市场角色中的相对优势，然后进入无人机市场去细分各个公司所独有的技术优势。

4.1　无人机的相对优势

通过阅读前面章节可知，无人机的诞生不是一蹴而就的，而在民间的走红也绝非巧合。为什么无论军用还是民用，人们会一致认可"无人机"？这还得从无人机的相对优势说起。

4.1.1　机动性强

机动性对于飞机而言，无疑是十分重要的战术、技术指标。具体而言，机动性是指飞机在一定时间内改变飞行速度、飞行高度和飞行方向的能力，并相应地称为速度机动性、高度机动性和方向机动性。飞机的机动性越好，在空战中的优势也就更大。对于民用无人机而言，机动性更是决定了它实用性能的高低。

既然机动性如此重要，那么应该从哪些方面来考虑呢？

1. 爬升率

爬升率最直观地体现了飞机的垂直机动性，是战斗机进行格斗、拦截最重要的机动性指标之一。爬升率又称为"能量爬升率"，它的重要性在于可以告知飞机的"单位重量剩余功率"（SEP）——知道了爬升率就知道了对应状态下的 SEP。

那么，SEP 对飞机又起到什么作用呢？首先 SEP 直接影响到飞机

的盘旋能力。换句话说，就是飞机在某个状态下，还有多少能量可用于进行其他机动。例如，飞机当前在进行盘旋，同时 SEP 为 50m/s，这表明飞机还可以再拉更大的过载，而不会损失高度或速度——直到 SEP 为 0，飞机将进行稳定盘旋。 SEP 对机动性的另一个影响是飞机的加速性，根据简单的物理公式可知，当前飞机的水平加速度为

（SEP/ 当前速度）× 重力加速度

总之，飞机的爬升率越强，它的机动性也就越高。

2. 盘旋能力

与盘旋相关的性能参数一般包括：盘旋半径、盘旋角速度、盘旋过载等。由于盘旋半径和速度的二次方成正比，因此最小盘旋半径出现在低速区，对应的盘旋角速度和盘旋过载都不大（如图 4-1 所示）。盘旋过载和速度的二次方成正比，因此最大盘旋过载往往出现在角点速度之后，这个时候飞机既不是盘旋半径最小，也不是转得最快，所以仅凭盘旋过载来判断一架飞机盘旋能力的优劣是不恰当的，更准确的说法是，相同速度下，可以拉更大过载的飞机容易取得优势。

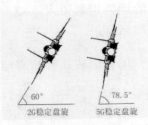

图 4-1

直观地说，盘旋角速度就是表示飞机转得快还是慢。空战中更强调对角点速度的运用就是因为这个时候飞机的盘旋角速度最大。比起前面两个参数，盘旋角速度能说明的东西更多。盘旋角速度越大，表明飞

机的升力特性越好。如果对比瞬时盘旋角速度和稳定盘旋角速度，还可以从中了解发动机的推力水平。

3. 推重比

首先，推重比一般都是指发动机台架推力和飞机相应重量的比值。而在实际飞行中，随高度、温度、速度等条件的变化，发动机推力也将产生明显的变化。例如涡扇发动机，其推力随高度下降相当明显。换句话说，飞机的实际推重比也是随条件不断变化的。

其次，推重比只表明了问题的一个方面，阻力却从另一个方面影响了飞机的机动性。例如英国海军的 F-4K 舰载战斗机就是受了阻力的影响。当时英国人为了提高推重比而换装了"斯贝"涡扇发动机，以期提高飞机的机动性。但推重比是上去了，机动性却下降了。究其原因，是由于斯贝的加力燃烧室和 F-4K 舰载战斗机的后机身外形不匹配，导致飞机底部阻力骤增，严重影响了飞机的机动性。

目前战斗机还存在相当多的机动性能限制，很多来自于人的忍受能力极限。例如考虑到人的生理承受能力，战斗机的过载设计一般不超过 10g，而对于无人机，只考虑材料的承受能力，其过载设计可达 20g。这一设计将无人机飞行的灵活性提高了一个级别。无人机在战场执行任务时，可以大加速度、大角度机动飞行，以避开敌方的打击，还可以灵活地对敌方目标实施高加速度、大角度地攻击，这使它在面对空对空导弹时具备更强的生存能力，也在空战中具备更强的占位攻击能力。

除了军用的无人战斗机，民用无人机同样具有十分优越的机动性和灵活性。而最近的无人机，甚至可以在森林里穿梭。这样优异的自动避障能力，足以比飞机驾驶员做出更快、更灵敏的反应。

无人机的避障技术

近几年，随着技术的进步与成熟，无人机越来越多地被应用于各

个场景中，航拍、勘察、安检、快递等。在无人机商业化越来越频繁的今天，避障技术如有突破，无疑将为无人机更大规模的商用化创造必要条件。

所谓无人机"自动避障"功能，就是无人机在自动飞行的过程中遇到障碍物的时候，通过自动提前识别、有效规避障碍物，达到安全飞行的目的。主要分为雷达系统、超声波声呐技术、TOF（飞行时间技术）、视觉图像复合型技术。

说起雷达系统，大家最先想到的肯定是军用大飞机。的确，由于雷达系统的高昂价格和笨重的体积，尚无民用级无人机使用此技术。一般的大型固定翼无人机采用的就是类似于民用客机上的ADS-B系统（如图4-2所示）搭配雷达工作，所谓ADS-B是使飞机能够利用卫星导航确定自身的位置，并对外自动发送包括高度、速度、方向、呼叫代码和飞机类型在内的信息。二者配合使用，可以让操控者或飞行计算机及时掌握飞机的位置并作出相应的动作反应，因此具备了避障能力。

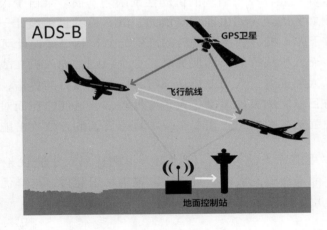

图4-2

超声波声呐技术成本低，操作方便，目前很多无人机的避障技术都来源于它。它的原理相信大家在初中就已经接触过：蝙蝠通过其口腔中的特殊构造来发出超声波，当超声波遇到障碍或者猎物时就会被发射回蝙蝠的听觉系统，依靠这种测距的方法辨别障碍、规划路线。然而超声波技术也有其弊端，例如在部分场景也会受到声波的影响；超声波避障依赖于物体表面的发射能力，当遭遇反射能力不足的物体时，避障系统的安全性就会极大降低，等等。

TOF（飞行时间技术），类似于超声波技术，不过在这里，超声波换成了光，因此可以称为"光相位检测"。当无人机悬空时，TOF系统会保持每秒钟旋转2~5圈的状态。通过这一秒的时间，无人机系统就可以快速扫描周围360°的有效半径，及时发现障碍，然后对飞控系统发出调整位置的指令，避免对周围的人或财物造成伤害；在飞行的过程中，TOF系统则会停止旋转，只会向前方发射出光线。

视觉图像复合型技术，随着移动芯片运算能力的飞跃而越来越成为无人机避障的首选。通过高清摄像机拍摄帧速足够高，清晰度和分辨率高的图像，借助一颗足够小而性能强大的处理器，分析每一帧图像中是否存在障碍物。不过，在弱光或者黑夜条件下，通过图像识别障碍物的能力就会大幅度下降。这也是视觉图像复合型技术的一个弊端。

无人机的机动性强还表现在起降灵活。因为大部分的无人机不需要专门的机场或场地起飞，既可以由母机携带到空中投放，也可以操作者手抛投放；或者是气压、液压弹射，火箭零距离发射、火箭助推短距离滑饱、滑轨升空；或者是垂直起飞。无人机的这一特性，决定着无人机可以在很多位置使用。例如在海滩、地面、汽车、船舰甲板、楼顶上起飞，甚至可以从建筑物的窗口、从操作员的手中起飞。

4.1.2 结构轻

无人机"轻"的原因在于它结构简单，甚至可以说，一般的无人机发烧友在淘来必要的零件之后，就可以组装成一架自娱自乐的无人机。

简易的结构决定了它不可能拥有过多笨重的零件，除此之外，无人机的机身尺寸也决定了它的重量要比有人机轻得多。

　　以无人战斗机为例，它的机身大小可以完全按照任务来确定。例如高空长航战略巡航时，无人机为保证必要的动力和太阳能转换面积，其机身和展翼需要长一些；攻击型无人机为提高机动性能和战场生存能力，机体就朝着小型化方向发展；至于执行特殊任务的微型无人机只有几厘米甚至几毫米；仿生扑翼无人机，利用仿生优势执行各种特殊的侦察、运输和信息对抗任务，可以设计成各种鸟类和昆虫的体形。

　　这样灵活的机身设计，是有人机无法比拟的。况且，设计无人机相对设计有人机来说就简单多了。在设计无人机时，设计师完全不用考虑人的因素。而且从有人战斗机的设计上看，有人驾驶的战斗机飞行员的体重占飞机有效载荷的 15%，关系飞行员生命安全的救生、供氧和电子支援系统占飞机总费用的 50%。无人机免掉上述问题，减掉了许多设计难点，设计变得比较简单，更重要的是使得飞机减少了很大一部分重量。其次，设计师还可将有人驾驶舱改为武器储存舱，这样一来，无人机就可以进一步减小体积。据统计，性能相同的无人机和有人驾驶飞机相比，体积减小约 40%。

　　不过，民用无人机行业里还流传这么一句话："轻一克，值千金。"在理论上，一款无人机一定是在足够轻的情况下兼顾结实，因为机身太重一定会影响续航时间。而一款无人机的重量构成通常分为三部分：电池、电动机、机身。一般电池和电动机重量占据整个无人机重量的一半以上。因此，在电池、电动机、云台重量几乎没有下降空间的前提下，从减重角度，机身基本成了企业唯一可以发挥的余地。

　　在机身重量做"减法"包括两个途径：首先是材料选择。国内消费级无人机通用的材料多为一种高强度复合型的工程塑料，兼顾韧性和强度。而业界公认制造无人机非常理想的材料是碳纤维的复合材料：更轻、更坚固，燃点也更低，但以国内目前的技术而言，碳纤维还无法实

现大规模低成本生产，需要人工完成；其次就是设计工艺和取舍。工艺和设计上的改进也能帮助机身降低重量，例如减少机身螺丝钉就是一个方面。

世界上最轻的无人机

在第二届亚洲国际消费电子展（CES Asia 2016）上，硅谷无人机厂商MOTA展出了号称全球最小、最轻的无人机——JETJAT Nano（如图 4-3 所示）。

图 4-3

这架小巧、迷你无人机的尺寸为长 6cm，宽 5cm，高 2cm，总体不足巴掌大小，总重量约为 100g。它的 4 个螺旋桨均可拆卸，随机还配有 4 个备用螺旋桨。摄像头所在的位置是 Nano-C 的正面，30 万像素的摄像头拍摄出来的画质有些不尽如人意。它最大飞行距离为 30m，最大升空高度在 22m。机身开关下方带有充电接口，可以直接接驳到计算机上进行充电。Nano-C 的飞行时间非常短，套用一句流行语："充电半小时，飞行 5 分钟"。

　　不过，"轻薄短小"的机身也给这架无人机带来了问题。首先，如果遇到大风天气，其飞行很容易受到影响，很可能一不小心就被风刮走了；其次，户外的环境比较杂乱，如果不多加留意，飞着飞着就找不到无人机在哪儿了，毕竟它实在是太小了，所以 Nano-C 并不适合在户外使用。

　　而在室内飞行很让人安心。Nano-C 的一大优点就是容易上手，初学者也能够很快熟练操作，尤其适合无人机新手用来进行操作练习。另外，由于重量轻，Nano-C 不易损坏。即便遭受过多次"坠机事故"，Nano-C 不但外表毫发无损，摄像头也一直可以正常工作。

4.1.3　费用低

　　如果说硬件成本下降解决了无人机"身体"的问题，近年来飞控系统开源化的趋势解决了无人机"大脑"的问题，从此无人机不再是军用和科研机构的专利了，全世界的商业企业和发烧友都加入了无人机系统设计的大潮中，是引爆民用和消费无人机市场的"爆点"。

　　德国 MK 公司是多旋翼无人机系统开源的鼻祖，其后 2011 年美国 APM 公司开放无人机设计平台彻底点燃了市场对无人机系统开发的热情。2012 年以后，民用和消费无人机进入了加速上行的通道。

　　至今，国际无人机行业已经形成了 APM（用户最多）、德国 MK（最早的开源系统）、Paparazzi（稳定性高、扩展性强）、PX4 和 MWC（兼容性强）五大无人机开源平台。

　　以 Paparazzi 为例，始于 2003 年的 Paparazzi 是一个软硬件全开源的系统，至今已经形成了不仅覆盖传感器、GPS、自动驾驶软件，同时覆盖地面设备的全套成熟解决方案，既可以驱动固定翼飞机，也可以驱动旋翼机，并且可以通过地面控制软件实时监控飞机飞行的卫星地图。可以说，强大的开源飞控系统已经使无人机全面进入"用户友好"的时代。

2014 年 10 月，Linux 基金会与一批领先科技公司推出了名为 Dronecode 的无人机开源系统合作项目，将 3D Robotics、英特尔、高通、百度等科技巨头纳入项目组，旨在为无人机开发者提供所需要的资源、工具和技术支持，加快无人机和机器人领域的发展。根据 Teal 航空市场调研公司的报告，Dronecode 项目使未来十年世界无人机研发、测试和评估等活动的总值达到 910 亿美元。Dronecode 开发界面囊括了无人越野车、无人固定翼飞机、无人直升机和各种多轴旋翼无人机等，吸收了 APM、PX4 等多个平台，进一步推动了系统开发的可视化和友好化。

售价低廉的小米无人机

不可否认，大疆创新将原来的纯工业级无人机（2B），带向了消费级无人机（2C）和工业级无人机并存的阶段。消费级无人机市场看上去规模足够大，据美国权威研究机构 BI Intelligence 最新报道，2015 到 2020 年期间，消费级无人机市场年增长率预计将达到 19%。美国《航空与太空技术周刊》刊登的分析报告则显示，自 2014 年算起，未来十年，全球无人机市场规模将达到 673 亿美元。

因此，很多公司纷纷进军消费级无人机市场。这其中，包括工业级无人机企业、传统行业上市公司、科技公司以及很多初创团队。

大疆创新创始人汪滔曾在接受外媒采访时表示，自己的竞争对手主要是总部设在北京的零度智控和总部设在广州的极飞科技。不过，所有将要或者已经进入的无人机新公司中，真正的竞争对手其实是当下还没有推出任何无人机产品的小米。

国内的消费级无人机市场依然有很大成长空间，要知道，大疆创新过去总销售额的 80% 都是来自欧美，而在国内的销量却微乎其微。"相比过去，大疆创新已经把无人机的价格拉到很低，但这是在美国，对国内消费者而言依然比较昂贵。"星图智控 CEO 张庆旗告诉腾讯科技，

国内无人机不温不火很重要的一个原因在于价格门槛太高。而小米一旦进场，就会将过去在小米手环和小米移动电源上被验证过的模式一并带入，这必将使无人机的门槛降到很低，使其变成一个大众化的行业。

终于，在 2016 年 5 月 25 日小米无人机采用纯直播的方式正式对外发布，小米无人机使用四旋翼设计，配备旋转摄像头，如图 4-4 所示。雷军介绍，小米无人机以续航、便携、高清拍摄等为主要卖点。在便携性方面，整个小米无人机的所有部件都可以放进一个普通的双肩背包随身携带；在续航能力上，小米无人机可以实现 27min 的持续飞行，这在无人机产品中已经属于顶尖的水平；而在拍摄能力上，小米无人机配置了索尼的 4K 高清摄像头以及标配稳定云台。雷军还介绍，小米无人机的云台可以拆卸下来装到自拍杆上，成为一个手持的云台摄像机。他还透露，与之配套的自拍杆也将在今后推出。

图 4-4

小米无人机有两个版本，4K 版和 1080P 版，前者售价 2999 元，后者售价 2499 元，都远低于同类产品的水平，要知道大疆精灵 4 的售价是 8999 元。当然对于用户来说，更低的售价也意味着购买和体验无人机的门槛降低了，用雷军的话说就是"无人机不再是'土豪'的玩具。"

4.1.4 可回收

无人机的回收方式十分丰富，而且回收费用也很低廉。除了传统的回收方式之外，目前无人机科研人员也在研发更加便捷的新型回收方式。

前不久，美国研发的一架名为"小妖精"的无人机，据说可由飞行中的"母机"发射，完成预警和攻击等任务后可自动回收。根据研发团队的构想，"小妖精"无人机是一种"中间产物"，介于一次性的导弹类武器和可服役数十年的战机之间。它的"寿命"大约为 20 次飞行，可在飞行中的战机或运输机上自动发射和回收。这种无人机的优势在于，完成任务后不会像处理导弹一样抛弃它的机身、引擎、电子设备和有效载荷，同时，也不必为这种无人机支付高昂的维护费用。

4.1.5 其他优势

除了这些优势之外，无人机还有其他的优势。如不畏死亡，能执行各种危险任务。一般而言，有人驾驶的飞机要突袭敌人由防空导弹、高炮组成的严密防空系统，无异于自杀。无人机的最大好处就是，不存在飞行人员伤亡或被俘的危险，这也是发达国家格外关注和重视无人机的原因。无人机可在核、生、化或其他危及生命的特殊条件下执行侦察、监视、目标定位、跟踪任务。可在突防中担任电子诱饵，充当开路先锋，反辐射无人机做自杀性攻击，可以摧毁雷达，拦截战术导弹和巡航导弹等。总之，凡是有危险的任务，无人机均可以在地面操作人员的遥控或预编程序的控制下，毫不犹豫地执行，而且指挥员不必担忧有人员伤亡。

其次是实时长时传输信息，作战效能高。现代无人机具有长航时、多高度飞行的性能，例如在海湾战争中美军使用的"先锋"无人机可以在 1000~4000m 的高度连续飞行 6~9h，活动半径达 185km，能够实时地传送电视图像，随时监视双方地面部队的行动。

最后是用途广泛，可以迅速提升战斗力。随着军队武器整体发展水平的提高，无人机机载设备功能也得以提高，能与无人机匹配的武器越来越多，扩展了无人机的使用范围。无人机作为靶标，可以评估武器系统性能；作为模拟器材，可以充当导弹、战机，可以配台部队的训练，提高部队战术、技术水平。从无人机目前的技术、战术性能看，不论陆、海、空哪一个军兵种使用，都可以立即提升其立体作战能力。

4.2 各家无人机优势大盘点

进入 2016 年，大疆、零度、亿航、Lily 等无人机厂商，展开了全方位的角逐，各种层出不穷的新技术相继登场。对于厂商来说，除了市场层面的竞争，技术层面的竞争也愈演愈烈。各大厂商的技术优势有哪些？下面为读者进行盘点和总结。

4.2.1 大疆：人才垄断 + 室内视觉定位

据路透社的统计数据显示，中国无人机制造公司大疆创新的产品在美国商用无人机市场占据领先地位，市场份额达 47%，遥遥领先于排名第二的竞争对手。而在全球商用无人机市场中，大疆更是独领风骚，一举夺得近 70% 的市场份额。无疑大疆已成为无人机里的领军者。那大疆的无人机究竟有何神奇之处呢？又有哪些技术在背后默默地支撑着大疆呢？

一家公司要成为行业中的领军者，几乎离不开两大壁垒：人才储备壁垒和技术储备壁垒。而大疆便拥有着这两面壁垒：一是大疆联合几所高校，几乎垄断了国内在飞行平台技术等方面的顶尖人才；二是大疆早已完成了"预研一代、应用一代、降价一代"的层级研发体系。所以大疆在正式销售双目视觉技术的精灵 4 时，其他优秀厂商都还只能展示

原型机。

　　此外，GPS 定位系统是支撑无人机安全飞行的关键技术之一。大疆精灵 3 增加了室内定位系统，这项虚拟定位技术，使飞行器能够在室内平稳飞行，如图 4-5 所示。大疆创新称，此前几款 Phantom 无人机都不能在室内飞行，因为设备只能通过 GPS 定位其位置控制平稳飞行以及风中稳飞。

图 4-5

　　新华网曾经组建国内首个无人机报道团队，如果新闻记者遇到突发情况需要报道，大疆精灵系列无人机可以实现实时上传信息，将在新闻报道中发挥非常抢眼的作用。

4.2.2　零度：视频跟踪 + 自动避障

　　零度是 2015 年初才踏进消费级无人机市场的。这一年他们推出了自己第一款消费级无人机产品——Xplorer-V（探索者），如图 4-6 所示，被市场称作"航空版自拍神器"。

图 4-6

零度将独有的 Follow Snap 1.0（智能视觉跟随）技术运用到 Xplorer-V 上面，玩者只需在手机 APP 上框选出想拍摄的人或者物体，它就会自动跟随框选对象进行拍摄。视频跟踪特征的提取和识别，可以让飞行器作为历程的记录者。

无人机的跟随功能是专业发烧友比较关注的一点，目前主要的解决方案是 GPS 跟随：飞行器通过对目标的 GPS 模块或者所携带设备中发出的 GPS 信号进行锁定，达到点对点的跟踪效果，但是 GPS 信号跟随对所处环境的要求比较高，而且跟随的精度也不稳定。为了提高无人机的跟随体验，零度无人机在即将发布的第二代产品中加入了 Follow Snap（视觉跟踪）技术，通过摄像头对图像进行识别跟踪，大大提高了无人机跟随的精度，在各种复杂的环境中也不会受到太多的影响。

自动避障能力是无人机厂商优化产品功能的一大新技术。成熟的"飞手"或许可以让无人机在一定时间内飞行成功，但对于新手来说，

遇到电线、树枝等障碍物，就需要技术来帮助他们规避风险。2015年7月，由极客公园和百度新闻联合发起的"奇点·创新者"峰会上，以大疆创新、Skycatch、深圳零度为代表的无人机公司都参加了这次论坛，展示无人机领域的前沿科技。零度向公众演示首次搭载在消费级无人机上的自动避障功能和视觉跟踪技术。

零度无人机的飞控系统在专业级无人机市场与大疆创新不相上下。零度的模块化设计是另一个重要的创新，目前大部分的无人机是整机设计，而零度将XPLORER设计成机身、飞控、相机云台、电池等几个重要的模块。不但方便携带，在售后及后期升级维护方面都有诸多优势。

4.2.3　亿航：无人机中的"傻瓜机"

作为无人机市场的新锐，总部位于中国广州的亿航无人机团队于2015年4月获得来自乐博资本杨宁的第一笔天使投资。紧接着的5月，亿航发布旗下首款无人机产品Ghost，如图4-7所示。其创始人为有着"16岁就考上清华少年班"神奇经历的胡华智。

图4-7

Ghost 无人机无须任何组装或者额外的遥控器，降低了用户使用门槛，仅需由智能手机 APP 控制。其"自动跟随"功能能够使无人机无缝地自动跟随用户行动。起飞、悬停、返航、下降这些常用操作均预编进了 APP 中，并可实现一键完成，如图 4-8 所示。另外，作为第一家拥有体感操控功能的无人机企业，亿航能够让用户通过简单的倾斜智能手机来操控 Ghost 无人机。

图 4-8

亿航将产品与移动端结合，简化了操控方式，提供差异化的创新操控体验。亿航利用移动设备 APP 简化无人机的操控方式，引入高德地图的导航服务，实现移动设备 APP 操控和智能飞行。在移动端操作，对于新手来说降低了操作难度，因此可以说亿航的 Ghost 是无人机家族中的"傻瓜机"。

4.2.4　Lily：可以水上操作的无人机

用"一夜爆红"来形容硅谷创业公司 Lily Camera 毫不为过。这款自拍无人机在 2015 年 5 月首次公开亮相，就成为主要科技媒体的关注焦点。虽然市场有着诸多无人机，但 Lily 实在太不一样：不需要智能手机或者控制手柄，只需轻轻抛向天空就可以自动飞行。Lily 就像是一个飞行自拍神器，可以自己调节拍照模式和角度，拍摄下用户的精

彩瞬间和视频。更令人惊讶的是，Lily 使用之后可以轻轻降落在用户的手掌上，如图 4-9 所示。

图 4-9

Lily 无人机的出现，稳稳抓住了"小清新"和"文艺青年"的眼球。防水、抛飞和跟拍是 Lily 无人机主打的 3 个概念，其中防水功能是其他任何厂家都还不能实现的功能，对于喜欢自拍和水上运动的用户来说，Lily 是非常有吸引力的。但是防水导致的结果是该机整体重量的增加，据之前的资料介绍其整机重量达到了 1.3kg，而同级别带云台的航拍无人机一般重量才 1.2kg，这个重量对于无人机来说恐怕不是一个好现象。

此外，Lily 采用的是 GPS 跟随，即飞行器上和操控者手上都会有一个 GPS 模块，均能获得 GPS 数据，通过飞控写入的算法，让飞行器跟随操纵者手上的"遥控器"。不过，这种模式亿航和 3D Robotics 的飞控系统都可以实现，所以 Lily 并不具备明显的优势。

4.2.5　3D Robotics：智能追踪

作为北美最大的消费级无人机厂商，成立于 2009 年的 3D Robotics 公司由佐迪·穆诺茨和查尔斯·安德森（《连线杂志》前主

编）共同创立。

3D Robotics 公司主要致力于制造开源无人驾驶飞行器（UAV），目前其全球客户数量超过 3 万。3D Robotics 早期主要销售组装无人机的成套组件。现在，该公司有从入门级到商用级的多种型号无人机产品，搭载了航拍、视频拍摄、测绘、3D 建模等多种功能，有些无人机还支持预先规划航线或针对特定人物的追踪跟拍。

其最新款无人机 IRIS+ 支持 Follow Me 功能，即智能追踪，可以跟踪任何拥有 GPS 功能的安卓设备，如图 4-10 所示。除此之外，用户还可以在平板电脑或手机应用上画出无人机飞行路线，然后可以让无人机沿着飞行路线飞行。

图 4-10

2012 年 11 月，3D Robotics 获得 500 万美元 A 轮融资；2013 年，又获得 3000 万美元 B 轮融资。2015 年，高通创投带头完成了对其高达 5000 万美元的投资。虽然公司并未公布估值，但就融资规模而言，这应该是至 2016 年年底消费级无人机领域所获得的最大单笔投资。

第 5 章

民间无人机的应用

在过去的几十年间，无人机在战场上大放异彩。然而，当无人机走出战场，走向民用领域的时候，还会有极大的发展空间吗？目前，无人机在民用领域能够做的事情有：媒体应用、植保、森林消防、电力布线、公安反恐等。随着无人机技术的发展，它也注定会被运用到越来越多的领域中。

5.1　媒体应用

民用无人机的"发家"之处就是用于拍照和拍视频，因此媒体是无人机技术应用最成熟的领域之一。

5.1.1　航拍

无人机进行航拍的工作原理比较简单，就是以无人驾驶飞机作为空中平台，以机载遥感设备，如高分辨率CCD数码相机、轻型光学相机、红外扫描仪、激光扫描仪、磁测仪等获取信息，用计算机对图像信息进行处理，并按照一定精度要求制作成图像。简单地说，就是机身利用携带的摄像机装置，把人类的视角通过机器的方式延伸到高空中，用鸟儿的眼睛看世界，实现空中俯瞰的效果，如图5-1所示。

图 5-1

　　说起来十分简单，不过这里所谓的"航拍"并不是日常我们所接触的，例如谷歌和腾讯街景的全景地图那样，一辆辆的街景车一遍一遍地压马路，而且模糊不清的画面，实在缺少美感。但无人机航拍就大不一样了，其拍摄的街景图片不仅有一种鸟瞰世界的视角，还带有些许艺术气息。况且，在常年云遮雾罩的地区，遥感卫星难以拍出画面的时候，无人机就要冲锋陷阵担当主力军了。

　　而且，用无人机航拍还有许多优势，例如拍出来的图像具有高清晰、大比例尺、小面积、高现势性的优点，特别适合获取带状地区航拍影像（公路、铁路、河流、水库、海岸线等，如图 5-2 所示），且无人驾驶飞机为航拍提供了操作方便，易于转场的遥感平台。起飞降落受场地限制较小，在操场、公路或其他较开阔的地面均可起降，其稳定性、安全性好，转场等非常容易。

图 5-2

　　现在市场上的消费级无人机，几乎都可以进行航拍。受到消费者欢迎的有大疆的精灵系列、零度智控的 Explorer 无人机以及 Parrot 的 AR.Drone 等。

　　如果读者刚刚接触无人机航拍，或者已经有此打算，不妨仔细看

看下文提供的一些实用小技巧，这样能更快地掌握航拍技术，早日拍出精美的摄影作品。

1. 安全技巧

遥控无人机不同于相机和运动相机，其危险系数较高，但是如果遵守飞行守则，飞行的安全系数还是很高的。要保证安全飞行，可参照以下几点建议。

※ 特别对于初学者来说，在空旷的地方飞行，尽管飞行时不必抬头一直盯着无人机，但是要保证无人机一直处于视野范围内，高楼和植被的阻挡有时会影响遥控和实时信号。

※ 有时候因为 GPS 或者遥控信号丢失，无人机会尝试自动返航，但是无人机并不能预见周围的障碍物，此时应该使用遥控器的 S1 开关紧急取回遥控权。

※ 不要忽略启动相机后 APP 的任何提示。云台故障、SD 卡未插入、矫正指南针等提示都非常重要，忽略提示强行起飞，非常容易造成事故。

※ 时常检查。首先是检查电池寿命，按住电源按钮 5s 可以显示电池总寿命，一般来说 4 盏灯有 3 盏以上常亮代表电池寿命正常。电池寿命下降时会造成供电不稳定，无人机会无预警下降；第二就是检查螺旋桨状态，这是无人机最容易损坏的部件，要经常检查是否有缺损或者裂痕。

※ 海拔高度很重要，无人机的升力有限，在高海拔地区会有升力不足的情况造成难以控制的现象，要注意各个型号无人机标称的最高飞行海拔高度。

2. 飞行技巧

※ 倒飞，更容易获得好的视频片段。无人机在飞行时，有时因为

机身摇晃得比较厉害，螺旋桨会进入视频画面，如果是倒着飞，则可以避免这个问题，也比较方便操控者使用较高的速度飞行。

※ 向光飞行。在拍摄视频和照片时，由于阳光穿透螺旋桨的角度有时刚好会在视频或者照片上形成条纹。这种问题的避免方法是为无人机的相机加装减光镜。

※ 飞行速度的控制很重要。在拍摄视频片段的时候，要避免突然的加速、减速，这样视频片段会出现明显的卡顿，其次在允许的条件下尽量慢一点飞，后期可以加快视频片段的播放速度，但是变慢却比较难。

3. 拍摄技巧

航拍器自带的相机虽然性能不能与专业级单反媲美，但是其图像质量和视频质量还是有非常大的潜力可以挖掘的。

※ 拍摄照片时，尽量使用 RAW 格式。这个道理和相机一样，以此来获取更大的后期处理空间。

※ 环绕场景 360° 拍摄照片，或者是环绕拍摄视频再截取视频截图，用这两种办法再加上 Photoshop 的极坐标功能，可以拍摄出大家见过的"小行星"效果。

※ 尽量将镜头方向保持水平，这样可以避免地平线弯曲，同时保证自然的建筑拍摄效果。

※ 将相机角度调至最低，平行于地面。这是最能体现航拍视角的角度，利用这个角度拍摄往往能发现很多惊喜。

※ 注意矫正变形，由于航拍器带的相机角度都比较广，所以在后期处理时要注意矫正变形。

※ 噪点处理。航拍器的感光元件已经很不错了，后期降噪能让图

像质量更上一层楼。一般来说，光线充足的情况下只需要适当降低灰白噪点。但是在光线较弱时，例如日出日落前后，就要适当降低画面中的彩色噪点。

大疆的小"精灵"

2016 年，美国《时代》杂志评选出了"有史以来最具影响力的 50 款电子设备"。一架来自中国的大疆精灵无人机出现在榜单上。那么，大疆精灵无人机究竟是何方神圣呢？

在具体介绍精灵无人机之前，我们不妨看看人们对它是如何评价的。打开搜索引擎，结果让人有些惊讶。不仅中央《新闻联播》先后 5 次报道了它，而且在一次政府工作会议上，李克强总理对大疆的创始人汪滔（如图 5-3 所示）说："你就是明星。"《华尔街日报》称大疆是"首个在全球主要的科技消费产品领域成为先锋者的中国企业"，《福布斯》也将汪滔放置封面，并评价其为中美创新人物的代表，而且《福布斯》《时代》《经济学人》等媒体不约而同地将大疆产品"封为"年度最杰出的高科技产品之一。

图 5-3

　　看了这么多的正面评价，我们赶紧去了解一下被誉为"无人机行业的苹果"的精灵无人机吧。和其他创业者一样，大疆精灵在一开始也不是一帆风顺的。刚开始，大疆创新团队只有 3 个人，办公地点就在一间深圳民房里。没有成型的产品，也没有投资者的关注。直到 2008 年，大疆发布较为成熟的直升机飞行控制系统 XP3.1，到 2012 年的时候，大疆已经拥有了无人机所需的一切——软件、螺旋桨、支架、平衡环以及遥控器。

　　于是，紧接着在 2013 年，"大疆精灵"诞生了。这是第一款随时可以起飞的预装四旋翼飞行器。它在开箱的一小时内就能飞行，而且第一次坠落不会造成解体。得益于简洁和易用的特性，"大疆精灵"撬动了非专业无人机市场，并迅速在全球卷起无人机风潮，占领了全球无人机市场 70% 的份额，2014 年的营业收入超过 5 亿美元。

　　其实，在"精灵"诞生之前，大疆的主要产品针对的是专业航拍市场，产品操作起来有一定难度，价格也相对较贵。而大疆推出"精灵"的初衷是想做一款有成本效益的，不需要玩家自己组装就能随时起飞的产品，主要目的是先于竞争对手进入低端机市场，防止对手进行价格战。所谓"无心插柳柳成阴"，很快入门级的"精灵"在销量上超过了大疆其他专业级设备成为明星产品。从而引爆了消费级无人机市场。

　　事实上，"精灵"的确引发了一场"航拍革命"。在"精灵"之前，航拍最少也要有三个专业人员分工：飞行、云台手、地勤保障。在"精灵"之后，很多人买一台 GoPro 就能够做航拍，准入门槛大大降低。

　　"精灵"发展到 2016 年，已经是第四代了（如图 5-4 所示）。新产品发布之后，许多消费者评价"精灵"：与其说它是一架遥控飞机，不如说是一个昂贵而高效的 iPad 摄影附件。这样的评价一语道破了"精灵"在目前航拍领域的先进技术。据悉，"精灵 4"使用了新的材料来降低机身重量，让无人机更轻、更硬；重置的相机架也增加了飞机的平衡性，新配的电池更是将飞行时间延长至 28min，剩下的一些飞机内软

件和硬件的小调整，整体上也增加了飞机的控制和稳定性。若是启动了新增的运动模式，其速度可以提升至 73km/h。

图 5-4

　　值得注意的是，此次"精灵"最大的创新要数镶嵌在飞机前方的小型光学传感器，拥有了这种传感器，无人机可以随时"看见"前方的景物。对于消费者来说，无人机拥有了计算机视角，就可以完全自主地飞行，甚至不需要人的控制。只需在平板电脑或者智能手机上选择一个方向，它就能计算出可通行的路线，并避开沿途障碍飞往目的地。

　　可以说，新一代"长了眼睛"的"精灵"，在讲求无人机视觉能力的今天，继续引领着科技前沿。

5.1.2　视频

　　无人机在航拍领域这样"大红大紫"，除了普通的玩家之外，一些新闻媒体工作者也逐渐把目光投入这一块。不过，这些眼光犀利的新闻记者们，不仅用无人机拍照片，还进一步将它的拍摄功能发扬光大，用于拍摄高清视频。在一些著名赛事以及极限运动中，任何一个摄影师都

无法像无人机那样近距离的拍摄。例如滑雪、定点跳伞活动时（如图5-5所示），只要把无人机拿出来，让它跟着你"一起飞"，就能得到清晰稳定的视频画面了。

图 5-5

无独有偶，前不久美国有线电视台（CNN）就与美国联邦航空局（FAA）达成协议，宣布 CNN 可以利用无人机进行突发性新闻的报道工作。该消息一经传出，引发了传媒机构的轩然大波，包括《华盛顿邮报》在内的十家传媒机构近日表示，他们也将测试无人机采集新闻的可行性。

而且无人机是一个安全、及时、高效且价格低廉的采集及传播信息手段，能够让记者们远离潜在的危险。无人机可以配备照相机和摄像机，快速捕捉更多细节，获取更全面的影像信息。同时还能利用自身优势克服环境限制，在记者们难以落脚的危险地点飞行跟踪，可监控交通或大型示威活动，并在最短时间内，更快、更安全地报道突发新闻、灾难、战区情况。对重大事故、飓风、山火、农田受灾地区，如果有了无人机的帮忙，报道工作就会变得更加安全而且更省钱（如图5-6所示）。对于新闻机构而言，无人机无疑是一个更便宜、更灵活的选择。

图 5-6

不过，使用无人机拍摄优质视频比拍摄照片要难得多，首要原因就是摄像机可能会晃动，这样对画质的影响是非常大的。要解决这一难题，有两种途径。其一是在拍摄前，用陀螺仪稳定吊舱，实时调整吊舱的运动；其二要依赖后期制作，用专业的视频软件如 Adobe Premier Pro 来改善视频质量。

除此之外，需要新手注意的是，使用无人机拍摄并不是越高越好，适当的高度会让你拍摄的画面及视频质量更高。

航拍：无人机飞多高最合适

民用无人机自诞生至今，系统已经逐渐被智能化，操作也被简易化。如今的民用无人机大多作为一种影像捕捉器，在高空寻找一些特殊角度来满足影视影像的需求，这就是所谓的"航拍"。

不过，航拍并不是一味的大而全。例如这张照片（如图 5-7 所示）更像是一张卫星云图，或者是用于测绘的地图。这些图片的功能性仅仅在于科研和开发工作，并没有太多普遍图片的意义。而且更高精度的卫

星以及测绘固定翼飞机都能完成这样的拍摄，何必使用安全性和精度都不高的无人机来完成呢？

图 5-7

　　在天空，可以用灵巧的无人机合理规划航线，精确操作，躲避各种障碍物，获得更多精彩的摄影角度。例如这张照片（如图 5-8 所示），高度在 5m 左右。能够精确操作的无人机像是一个小摇臂，然而运动轨迹相较于摇臂而言更加自由灵活，不再被摇杆束缚。

图 5-8

在 20m 的高度（如图 5-9 所示），无人机能够拍下一段优美的弯道；100m 高度，平时无法看到的建筑细节之美被展现得淋漓尽致。高度到达 150m，一次震撼的活动大全景已经可以完全被展现了；高度到达 200m（如图 5-10 所示），一栋建筑以及建筑周边的环境一览无余。

图 5-9

图 5-10

所以说，并不是飞得越高，拍摄的照片就越好看。而且，飞得过高还有穿云的风险，很有可能图传没了，信号没了，飞机也没了。至于说云海之上的美景，原本也不属于我们手中的消费级无人机。而且最重要的是，飞太高也有更大的安全隐患。一旦飞机出现事故，对地面的人群会造成极大的威胁。

5.1.3 监控

无人机能利用承载的高灵敏度照相机进行不间断的画面拍摄，获取影像资料，并将所获得的信息和图像传送回地面。如遇到突发事件、灾难性暴力事件，可迅速得到实时现场视频画面传输，传给指挥者进行科学决策和判断，基于这一点，目前无人机也可以应用于安保监控。

如法国DRONE VOLT公司，最近提高了Z18 UF无人机（如图5-11所示）的能力，Z18 UF可以24h悬飞于空中进行自动化监控，不间断的空中监视将确保现场的安全。这款无人机还装备了可以缩放18倍的摄像头，可以以很高的速率近距离360°拍摄照片。同时这款无人机的准备时间很短，在监控现场仅需10min就可以完成部署。它还拥有一个专门为其设计的地面供给站。Z18 UF无人机的应用十分广泛，可以检查与监控诸如通信塔与天线、炼油厂与钻井平台、机场、风力发电站、大桥与大坝、能源装置等场景。还可以运用于搜救、自然灾害后的紧急救援、火警、边境监控、集会监管等。

图 5-11

在监控无人机的实用荷载中，摄像机是最为重要的。

1. 监控无人机的摄像机

监控无人机的摄像机可以调节焦距，并以两种方式稳定图像。一种使用陀螺仪稳定摄像机；另一种使用电子手段做到实时视频稳定。在晚上或者光线条件不好的场合，一般使用红外摄像机（如图5-12所示）。而且，摄像机还搭配探测放射性污染和化学污染的传感器，进一步丰富了无人机的监控功能。

图 5-12

除了传统的摄像机，最新型的智能眼镜也运用到监控无人机上。前不久，智能眼镜制造商爱普生公司（Epson）对媒体披露，无人机的操控员可以利用智能眼镜控制无人机，更好地挖掘了无人机的监控功能。据悉，在使用智能眼镜之后，可以让飞机的飞行和操控员的摄像过程更加安全。而且可以让操控员直接观察到无人机拍摄的画面，也可以显示附加的信息。

目前，无人机在进行监控任务时，操作终端主要利用平板电脑等工具进行监控。但是许多操控员经常会对高空的无人机进行摄影摄像作业，如果频繁低头观看平板电脑，则会影响摄像。如果利用智能眼镜，

则摄像和监控飞机可以同时进行。

2. 无人机监控的优势

相对于传统的监控手段，无人机监控有着很多优势。

※ 采集现场数据：迅速将现场的视、音频信息传送到指挥中心，跟踪事件的发展态势，供指挥者进行判断和决策。无人机机载摄像头到达现场之后能够迅速展开，还可以多角度、大范围地进行现场观察，具有不可替代的作用，是一般监控设备无法比拟的。

※ 居高临下：无人机可以鸟瞰地面车流实况，有利于交管部门掌握全局，通盘指挥和正确疏导。与载人通用飞机、载人直升机相比，无人机可以飞得更低，更接近肇事车辆和人员，观察得更加清楚。

※ 大范围：与出动多辆警车执行任务相比，无人机可以低空飞行、路径短、速度快、变换视角灵活、活动范围大，有利于交通管理部门快速、高效地控制局面。

※ 长滞空：与载人通用飞机、载人直升机相比，无人机的留空时间长，可以进行长时间的城市交通巡逻飞行，可以锁定目标区域并承担长时间的搜寻任务。

※ 高效率：无人机的地勤和机务准备时间短，可随时出动，与载人通用飞机、载人直升机，或其他交通工具相比，具有低投入、高效益的特点。

※ 低风险：在参与城市交通管理过程中，无人机能够在灾害天气或者受污染的环境下执行高危险性的任务等。实践表明，无人机在沙尘暴探测、化学品污染、放射性污染监测方面，确实比载人通用飞机、载人直升机，或其他交通工具更有优势。

※ 航联网：与其他传统飞行器比较，航联网使无人机可以在线使用。无人机在选择应用软件和系统后，发挥出"一架抵多架"的功能；航联网使无人机系统集成度高、智能化高、综合效率高；航联网为无人机标准化、通用化、系列化设计留有空间，能够根据需要进行升级，提高品质，增加功能；航联网使无人机多用途平台安稳性好、实用性强。

※ 以少替多：无人机在参与城市交通管理中能够以较少的架数代替较多的地面警力完成同样的任务，有助于节省人力和降低勤务成本。

※ 灵活机动：在参与城市交通管理中，无人机既能够飞行在高速道路和桥梁道路之上，又能穿行在高楼大厦之间，甚至可以穿过隧道进行事故现场的勘查和取证，表现出特有的灵活性和机动性。

※ 治安防范：无人机在参与城市交通管理时，既能对肇事逃逸车辆紧追和取证，又能对肇事逃逸者预先警告，然后择机应对，采用施放催泪瓦斯、投射捕捉器等手段。

3. 无人机监控的局限

无人机的监控能力还有很大的开发空间，但是目前仍处于起步阶段，还有很明显的不足。

无人机续航时间较短，因此不能执行较长时间的任务。除非拥有多架无人机，交替使用，但这样的方案无疑会浪费资金、耗费人力；其次，无人机操控人员需要尽可能靠近目标区域，才能让无人机顺利升空。尤其是在地震、疫情等突发灾难时，无人机比直升机要花费更多的时间才能到达目的地。此外，无人机在某些恶劣天气下无法起飞，只有等待风力下降之后才能使用，这样就延误了时间；最后，无人机监控目前在法律上仍属空白，个人使用监控无人机，容易侵犯他人隐私。

无人机 "保安"

日本安保公司 Secom 组建了一支无人机 "保安" 队伍（如图 5-13 所示），用以检查可疑的车辆与人群。他们采用的无人机可以拍摄车牌号以及人们的面部特征。目前，Secom 公司已经得到了来自于企业以及研究院的 100 多份服务订单。Secom 公司也由此成为世界上第一家将无人机用于安保服务的私人安保企业。

图 5-13

Secom 采用的无人机有 4 个螺旋翼，宽约 60cm，高约 20cm，重量为 2kg，一次充电可以工作 10min。当探测器监测到有人经过墙面时，无人机能够自动从基座起飞，之后它会飞在 3~5m 的高度，跟随着进来的人。

这种无人机的特色在于它具有自动导航系统，而这一系统是基于 Secom 的传感与图像分析技术开发而成的。无人机在跟随对象时能够保持一定的距离，并能自主选择合适的拍摄角度，以拍出清晰的面容或车牌照等。它还能利用 GPS 精确地定位移动的对象，误差在几厘米以内。而且，在监控工作过程中如果发生了故障它就会自动关闭，它能利用内置的 3D 地图导航，并且自动避开一些障碍物。

Secom 的无人机安保服务的价格为每月 5000 日元，约合每月 40 美元，比起人类保安，这架无人机的 "工资" 真的很低。

5.2 农业与环境

　　用于农作物保护作业的无人机，可以称为"农业无人机"。主要集中运用在植保、施肥、播种、灾害预警、产量评估、农田信息遥感等领域。农业无人机主要由飞机平台及药械、机载系统、地面站系统及辅助设备组成，通过地面遥控或 GPS 飞控，来实现喷洒作业（如图 5-14 所示）。目前主要是固定翼无人机、无人直升机、多旋翼无人机三种类型。

图 5-14

5.2.1 喷洒作业

　　无人机做植保早在几年前就已经被业内所认可，但由于技术限制和飞行安全限制等因素导致该行业只有零碎的厂商以服务外包形式在做。

而随着我国无人机政策的完善和实行，在有法可依的情况下，加之植保无人机快速、高效的优势，该领域一定会被越来越多的人所关注。

1. 无人机喷洒的优势

无人机越来越多地应用于农林作业，特别是农业植保方面。由于农作物株高和密度的限制，大型机械难以进入地块喷施农药，即使选用先进的农药喷施机械也会对农作物造成一定面积的损伤，从而影响产量。如果使用人工喷洒，作业劳动强度大、作业时间长、透风性差等因素容易引起作业人员的药物中毒和喷施程度不均匀等现象，达不到预期效果。这些问题的解决看来非农用无人机不可。

高效安全环保

相对于固定翼飞机，无人机重量轻、体积小、机动性好，不需要专业跑道，在草坪和平地都能起降，非常适合我国地形复杂范围的农作物农药喷雾作业。并且无人机在农业作业中，飞行速度、与农作物距离、喷洒高度等都可以根据农作物的需要进行灵活的调整。专业农用无人机与农作物的距离最低可保持在 1m 的高度，规模也能达到 100 亩 /h，其效率要比常规喷洒至少高出 100 倍。不会造成农药喷洒过度的现象，可以大大节省农药和水资源，并避免因食入农药过量的农产品而危害人体健康的事件发生，也不会因农药喷洒不够而消灭不了病虫害导致农作物减产。环境污染的情况可以大大改善，且由于采用远程操纵飞机，农药对施药人员的危害也可以大大减低。

覆盖密度高防治效果好

喷雾药液在单位面积上覆盖密度越高、越均匀，防治效果才会越好。无人机大多为螺旋机翼作业，高度比较低，桨叶在旋转时会在下方的农作物上形成一个紊流区，喷洒农药时可以翻动和摇晃农作物。因此，采用超细雾状喷洒比较容易透过植物绒毛的表面形成一层农药膜，同时能将部分农药喷洒到茎叶背面，从而均匀而有效地杀灭病虫害，这是目前使用人工和其他喷洒设备无法做到的喷洒效果。减少了农药飘失程度，

并且药液沉淀积累和药液覆盖率都优于常规，因此防治效果也比传统的好。

节水节药成本低

采用无人机喷雾时，通过改变飞行高度可以自动适应不同的作物高度。据测算在喷洒业务量充足的前提下，喷洒成本可以控制在每亩20元以下，非常适合在各地农村推广使用。并且无人机折旧率低，油耗量小，作业人工成本不高，而且还易于维修，大大减少了成本。

2. 无人机做植保的劣势

植保无人机价格令人望而却步

价格是当前阻碍绝大多数农业大户使用植保无人机的关键因素之一。目前，国内多数省份尤其是在农业规模化生产条件较好的北方平原地区，植保无人机开始尝试使用，但是能够享受到"农机补贴"的省份却寥寥无几，一些潜在客户面对高昂的费用望而却步。据了解，国内植保无人机制造商多达100余家，其产品价格参差不齐，但基本保持在5万~20万元。

植保无人机配套服务滞后

目前我国植保无人机在实际应用中存在一大瓶颈——"行业实力不均，配套服务不足"。首先，近年来民用无人机逐渐兴起，全国各地均有植保无人机制造企业，但相关配套的产业链分布地区不均，因而农户在植保无人机使用过程中如遇到产品部件损毁等问题，不能及时得到维修或维修时间成本很高；其次，植保无人机保险服务刚刚兴起，不像汽车行业保险业务那样成熟，还需要不断完善。

行业标准不完善

有专家表示，我国植保无人机产业已经起步，但是目前业内并无明确的行业标准，这就使得无人机企业鱼目混杂。

5.2.2　无人机的其他农业应用

农药喷洒是植保无人机最常见的应用方式，但是无人机在农业方面的应用并不仅仅局限于此，它在农业方面还有更多其他的运用。

1. 农田信息监测

无人机农田信息监测主要包括病虫监测、灌溉情况监测及农作物生长情况监测等，是利用以遥感技术为主的空间信息技术通过对大面积农田、土地进行航拍，从航拍的图片、摄像资料中充分、全面地了解农作物的生长环境、周期等各项指标，从灌溉到土壤变异，再到肉眼无法发现的病虫害、细菌侵袭，指出出现问题的区域，从而便于农民更好地进行田间管理。无人机农田信息监测具有范围大、时效强和客观准确的优势，是常规监测手段无法企及的。

2. 农业保险勘察

农作物在生长过程中难免遭受自然灾害的侵袭，使得农民受损。对于拥有小面积农作物的农户来说，受灾区域勘察并非难事，但是当农作物大面积受到自然侵害时，农作物查勘定损工作量极大，其中最难以准确界定的就是损失面积的问题。

农业保险公司为了更为有效地测定实际受灾面积，进行农业保险灾害损失勘察，将无人机应用到农业保险赔付中。无人机具有机动快速的响应能力、高分辨率图像和高精度定位数据获取能力、多种任务设备的应用拓展能力、便利的系统维护等技术特点，可以高效地进行受灾定损任务，如图 5-15 所示。

图 5-15

通过航拍查勘获取数据、对航拍图片进行后期处理与技术分析，并与实地丈量结果进行比较校正，保险公司可以更为准确地测定实际受灾面积。无人机受灾定损，解决了农业保险赔付中查勘定损难、缺少时效性等问题，大大提高了查勘工作的速度，节约了大量的人力物力，在提高效率的同时，确保了农田赔付查勘的准确性。

3. 发达国家的农业无人机

在发达国家，农业已经高度机械化，农民甚至可以购买卫星照片用于评估成长和虫害情况。卫星照片和 GPS 相结合后，先进农业机械可以定点补施化肥、农药，可以定点浇水，避免浪费，也保证了高产稳产。但卫星照片毕竟成本较高，高分辨率照片尤其如此，时效也不够理想。

用低成本的微型无人机搭载简易的多光谱摄像机，容易实现农田的低成本、高频率、近实时的监测，随时掌握土壤、水分和作物长势情况，确定播种、补种、浇水、施肥、喷洒农药的必要性，或者在大型果园里监控每一棵果树的结果情况，便于组织有针对性的及时采摘。

无人机不光可以用于监测，还可以直接用于空中施肥、喷洒农药。这样的无人机对于升限、速度、续航时间只有最低要求，只要能覆盖自家农场就够了，实际上就是大型模型飞机的技术要求，但数量要求会很大，据估计，这可能包括 80% 的民用无人机市场。就空管难题而言，这是在农民自己的土地上接近地面的空中，不涉及公共空域的飞行安全和公众隐私问题，比较容易实现。不光农民可以用无人机，牧民也可以用无人机监控牧群，或者在迁徙时探路、探察远方草场的水草情况、搜寻走散的牲畜。

4. 我国植保无人机的发展趋势

我国拥有 18 亿亩基本农田，应用无人直升机喷洒农药对我国而言，不仅具有很大的经济价值，还具有社会价值。无人机作业不仅有超高的工作效率，对人员生命安全不构成威胁，同时能够大量节省劳动力，节约农业投入成本，最终增加农民的经济效益。

操作

植保无人机操作复杂，尤其是无人直升机，对操作手的能力要求更高。随着植保无人机技术的不断发展，植保无人机操作会更加简单化，利于使用者上手。

载重

目前植保无人机载荷维持在 5~20kg，载荷药量过少使操作更为复杂，相信未来植保无人机载荷会越来越大。

价格

价格是阻碍植保无人机普及的关键因素之一，国内植保无人机价格参差不齐，技术不断发展，植保无人机成本下降，价格也就会越来越低；其次，植保无人机企业相互竞争，采用提升技术控制成本的方式，以此降低价格产生竞争优势。

服务

国内目前关于植保无人机的配套服务比较滞后，随着植保无人机行业的不断发展，相关配套服务、维修、保险等也会更加完善和成熟。

补贴

我国越来越多的省份开始引入农用无人机，农用无人机飞入农田已成不可阻挡之势。

目前，我国市场上的植保无人机主要有大疆创新的 MG-1 农业植保机、零度智控的"守护者 -Z10"等。

植保无人机的应用

2015 年 11 月，无人机制造商大疆创新宣布推出一款智能农业喷洒防治无人机——大疆 MG-1 农业植保机（如图 5-16 所示），标志着大疆创新正式进入农业无人机领域。这多少让人感到有些意外，一向以消费级无人机著称的大疆创新，怎么也会踏入农业植保领域呢？

图 5-16

　　事实上，近年来"植保无人机"这个词不断升温，这其中更多热议的是植保无人机农药喷洒。一个新兴行业正在孕育，即用无人机代替人工喷洒农药，追施叶面肥等植保作业。而且，我国作为农业大国，有18亿亩基本农田。就算保守估计，到2020年，我国植保无人机的需求量至少在10万架，有接近千亿元的市场。如此看来，面对这样巨大的一块"蛋糕"，各大无人机厂商跃跃欲试就不足为奇了。

　　的确，相对于手工喷洒农药，无人机喷洒具有十分显著的优势。据悉，我国每年因喷洒农药而中毒的人数有10万之众。同时，农村青壮年劳动力逐渐稀缺，人力成本日益增加。而且由于农药对人体伤害较大，年轻人不愿意进行农药喷洒。在这一情况下，植保无人机的出现，一方面解决了劳动力稀缺的问题，另一方面无人机可以远距离遥控操作，确保喷洒作业的人员安全。更值得注意的是，使用无人机喷洒，至少可以节约50%的农药使用量，以及节约90%的用水量，而且由于无人机作业高度为2~4m，因此农药漂移少，旋翼产生的向下气流有助于提高雾流对作物的穿透性。

　　而最引人关注的是它的高效率。以一台起飞载重14kg的无人机为例，对于20亩左右的农田，15min便可以喷洒完毕，日喷防面积在300~500亩。而依靠人力喷雾器，每天的喷防量仅10余亩，即使是地面植保机械中效率最高的高架喷雾器，无人机的效率也是其作业效率的8.38倍。

　　基于上述的优点，国外农业无人机应用已趋于成熟。例如日本是农用无人机应用最成熟的国家（如图5-17所示），自1990年第一款植保无人机Yamaha R50问世以来，无人机植保在日本快速推广。约20年之后，2010年无人机植保的渗透率就达到了50%。截至2016年年底，登记在册的田间作业无人机2346架，操作人员14 163人，防治面积96.3万公顷，无人机施药已占总施药面积的50%以上。美国无人机主要是精准农业航空遥感技术，据统计，美国农业航空对农业的直接贡献率为15%以上。目前，美国有农用航空相关企业2000多家。全国目

前在用农用飞机 4000 多架（共有机型 20 多种，以有人驾驶固定翼飞机为主，约占 88%），在册的农用飞机驾驶员 3200 多名，年处理 40% 以上的耕地面积，全美 65% 的化学农药采用飞机作业完成喷洒，其中水稻施药作业 100% 采用航空作业方式。俄罗斯由于地广人稀，拥有数目庞大的农用飞机作业队伍，数量高达 1.1 万架，作业机型以有人驾驶固定翼飞机为主，年处理耕地面积约占总耕地面积的 35% 以上。韩国于 2003 年首次引进直升机用于农业航空作业之后，农业航空作业面积逐年增加，截至 2016 年，全国共有农用直升机约 600 架。

图 5-17

　　转回国内，我国的植保无人机起步较晚。2004 年，科技部 863 计划、农业部南京农机化所开始研究和推广植保无人机。直到 2011 年，在北京国际现代农业博览会上，还只有一家企业展示了植保无人机。2013 年后，越来越多的企业看到了这一市场的巨大前景，开始以各种方式进入这一领域，植保无人机的机型也更加多样化。在 2015 年的北京国际现代农业博览会上，参展的植保无人机企业已经接近 60 家。

不过，目前国内植保飞机数量还比较少，普及率也很低。据统计，我国植保飞机仅占世界总数的 0.13% 左右；农业航空年处理耕地面积约占国内总耕地面积的 1.70%。造成这样的局面，原因是多样的。一是植保无人机价格昂贵，让普通农户望而却步。二是我国地形复杂，植保无人机难以适用到各个地区。例如南方地形多以丘陵为主，运用植保无人机作业效率很难提升。再就是植保无人机操作使用存在一定技术难度，在缺少相应使用培训的情况下，农民很难自主准确操作与使用。

不过，植保无人机在农业领域的应用已成为一个趋势，未来随着无人机的更新和植保配套服务的涉足，植保无人机市场将十分可观。

5.2.3 普查植物群落与动物群落

在一些比较大的果园，常常需要统计树木的总量。传统的人工统计方法，不仅工作量大，而且很容易出错。在无人机出现之后，完全可以先利用无人机进行航拍，而且航拍照片里的树木彼此之间行间距清晰，很容易进行统计（如图 5-18 所示）。

图 5-18

此外，为了保护濒危物种，科研人员也常常在天然公园、保护区、沼泽地等地方进行动物及其生存环境普查。而这些野外场所，人类是难以实地去考察的。而且，人类的活动本身也会破坏当地的自然生态环境。因此，使用无人机是一个更好的选择。

无人机技术用于保护野生动物

最近，"无人机之风"刮遍大江南北，就连地球的最偏远地区，也能看到无人机的影子——经过改装的无人飞行器（UAV）正为那些保护濒危物种的人们提供关键数据。

荷兰的一家非营利性组织"影子视野基金会"（Shadow Vision Foundation）是运行此类无人机的机构之一，其飞行器已在非洲投入广泛使用。该基金会开发了"影子旋翼"（Shadow Rotor）无人机（如图5-19所示），这是一款经过续航改良的"四轴飞行器"，能够飞行1h，大约是普通无人机飞行时间的3倍。这架无人机能贴着森林树冠低空飞行，采集安装在动物身上的标牌发出的信号，弥补了护林员难以使用地面监测的缺陷。

图 5-19

　　"影子视野基金会"还有更大的固定翼无人机，它被用于南非克鲁格国家公园（Kruger National Park）的反偷猎巡逻。这种无人机被命名为"生态护林员"（Eco Ranger），它需要一条简易跑道进行起飞和降落，所以更接近军用无人机。

　　同时，在更南端的地方，世界自然基金会（WWF）以及英国南极调查局（BAS）在南极进行企鹅种群调查。据悉，企鹅身上安装了数据记录器和全球定位系统（GPS）标牌，能追踪它们的入水和出水动作。一些企鹅身上还安装了能与Argos特种卫星连接的装置。Argos卫星是一个全球定位和数据采集系统，专用于研究和保护环境，因为许多商用通信网络无法覆盖极地地区（如图5-20所示）。

图5-20

　　英国的皇家鸟类保护协会（RSPB）也在将越来越多的廉价追踪设备、微型摄像头和无人机应用于鸟类和自然栖息地的保护工作。例如RSPB正利用卫星来追踪黑兀鹫，这一物种的数量在1992年至2007年期间减少了90%。RSPB正试图找出黑兀鹫的实际死亡原因。当一只装有追踪设备的黑兀鹫死亡时，RSPB会利用追踪设备提供的信息将尸体找回，然后实施尸检，以确定死亡原因。

RSPB 还在一些体型小得多的鸟类身上安装了追踪设施，例如红颈瓣蹼鹬。人们以往认为，这种在苏格兰北方群岛（Northern Isles）繁衍的鸟类最南会迁徙到印度洋。然而，利用一种被称为"地理位置光传感器"的追踪装置（仅重0.7g），RSPB 发现，英国的红颈瓣蹼鹬最南会迁徙到加拉帕哥斯群岛。

美国在这一方面也没闲着。例如，美国地质调查局在无人机上安放了一台热成像照相机来跟踪科罗拉多州沙丘鹤的数量。他们使用的一般是从部队退役的无人机，如"大乌鸦"（Raven，如图 5-21 所示）等。重约2kg的"大乌鸦"服役时间已经超过10年，尽管在战场上已经有更尖端的机器可以取代"大乌鸦"，但在野生动物保护领域，"大乌鸦"仍然被认为是一项尖端科技。

图 5-21

此外，还有瑞士和英国的大学科学家联合组成的队伍，在印尼苏门答腊对大猩猩进行跟踪研究。在耗时两年半、耗资25万美元后，他们终于想出了一个更快捷、廉价的方法——花了不到2000美元装配了一架无人侦察机，为它配备了电池驱动的自动驾驶器和高分辨率摄像头。这架翼展1.4m、用GPS导航的无人机带回了大量有关猩猩聚集地

和森林砍伐的详细图片和资料。这架无人机还能标识出乱砍滥伐森林的情况，在打击偷猎方面也能发挥重要作用。

世界自然基金会还将整合多种跟踪方案，包括电子标签、无人机和人类巡逻。无人机可以通过平板电脑控制，能拍摄被标记的动物附近的可疑偷猎者的照片。世界自然基金会将使用软件识别哪些动物最容易受到伤害从而制定更有针对性的保护措施。

除了科研机构运用无人机普查动物群落、保护野生动物外，普通百姓同样可以利用无人机管理自己的农场与牧场。

无人机去放羊

牧羊是一个传统而艰苦的行业。大多数牧场都十分荒凉，尽管有牧羊犬的帮助，为了追随和保护羊群，传统的牧羊人往往一天要在荒无人烟的草场上行走数十英里。不过，在科技迅猛发展的现代社会，这一情况也会改观。你可以想象一下，当传统的牧羊与现代的无人机结合起来，会发生怎样的神奇效果呢？

最近，爱尔兰的一对兄弟德克兰和保罗·布伦南就将这一想法变成了现实。他们用一架无人机将120只羊从一片草地赶到了另一片草地上，并用无人机自带的高清摄像头拍摄下了全过程，并把这款无人机昵称为Shep the Drone——无人机牧羊犬。

无独有偶，英国媒体也报道了新西兰南岛农民布雷特·桑德斯组装了一款特制的无人机，在上面安装喇叭和警报器后，用其代替牧羊犬帮助放养2000只羊。桑德斯有2000只羊和2.9万英亩的农场，过去1年半里他一直使用无人机将羊赶到牧场。这样的事例并不少见，《华尔街日报》也曾报道22岁的迈克尔·汤姆森用自制无人机，在200英亩的农场上驱赶1000头羊的事迹（如图5-22所示）。与桑德斯不同的是，他是戴着一副远程控制眼镜，通过观察无人机实时的拍摄视野，来进行远程操作的，以便精确地遥控无人机，进而找到领头的羊来引导羊

群。此外，英国和瑞典还有一些研究人员把跟踪装置放在羊群和牧羊犬身上，通过收集它们的运动数据，试图来分析这些牧羊犬放牧的"秘诀"。而澳大利亚的研究者则想制造出一种有四只腿的机器牧羊犬，以较慢的步行速度来影响牛群，让他们放松下来。

图 5-22

使用无人机牧羊，并非只是外国人的专利。在第三届中国内蒙古绿色农畜产品博览会上，人们在"互联网＋农牧业"展厅里，发现了一架引人注目的无人机。据介绍，它是卫星放牧系统的重要组成部分，由中国自主研发、基于北斗卫星导航定位技术的放牧系统，所携带的定位器可以将牛羊行踪、位置信息发送到牧民的手机上，使他们在远离牛羊时也能放牧。

而无人机走入牧民家里，也正在发生着。内蒙古阿巴嘎旗的牧民赛音巴雅尔，就有一台牧羊无人机，他只需要在自家院里，用大拇指轻轻一摁遥控器，无人机立刻飞起直接向草原深处飞去。几分钟后，无人机上的航拍设备显示屏上，他家的羊群在草场上悠然觅食（如图 5-23 所示），甚至连每只羊的耳标都看得很清晰。而且，这台无人机可控半径达 10km，监视自家羊群绰绰有余，充满电后能飞行 3 个多小时，耗完电可自行飞回，用起来很简单。如果在无人机上面再安装个扩音设备，

就能够完成每天早晨从圈里赶羊群、在草原上放羊、晚上再把羊群赶回圈的全部工作了。

图 5-23

　　除此之外，无人机还可以在羊群上空驱赶羊群、控制它们的移动方向、在广袤无垠的牧场中找到走失的羊，或者让分散的羊群集合在一起（如图 5-24 所示）。甚至还可以通过俯瞰的摄像头和传感器，统计牛羊的数量。更令人惊叹的是，无人机可以用热力传感器检测哪些羊发烧了，而不需要牧羊人亲自出马勘察羊群的状况。

图 5-24

　　不过，对于见惯了牧羊犬的羊群而言，它们面对无人机时内心的

感受又是怎样的？由于羊天生安全感太低，十分害怕潜在的袭击。不过据目前的试验表明，大多数羊都会尊重无人机的存在。虽然会有一些诧异地盯着它，直到距离只有一英尺远的时候它们才意识到：我该跑了。但也有研究者认为，羊甚至可能会更喜欢无人机。因为与人类和牧羊犬相比，没有生命的物体能让羊群更加容易保持平静、愉悦的心情。

说到最后，对于无人机牧羊犬的出现与运用，我们更加需要关注的或许不是羊群，而应该是牧羊犬。因为，它们很快就要失业了。

5.3　科学勘测

无人机在科学勘测方面，既可以用于绘制高精度3D地图，也可以用于监控土地使用许可，确保没有越界使用土地，或者建筑超高及其他不按城市规划的违规使用土地的现象。而且，无人机绘制的3D地图也可以直接用于电子导航。除此之外，无人机在执行各种勘测任务之后，还可以实时收集并存储数据，并在事后进行分析，为农业、保险、环境保护等领域的客户提供服务。

5.3.1　地形图测绘

传统的地形图测绘方法，大多采用全站仪、GPS等设备。不管是全站仪还是GPS，都需要人员进行实地测量，受到实际地理环境的限制。

随着科学技术的不断发展，在测绘地理信息行业中运用了先进的数字航空摄影测量技术，无人机航空摄影测量系统也蓬勃发展。现在的无人机航测系统具有影像分辨率高、升空准备时间短、操作控制容易、起降场地要求低、作业效率高的特点，很好地解决了传统地形图测绘面临的困难，航测也成为地形图测绘的新趋势（如图5-25所示）。

图 5-25

与传统测绘方法相比，无人机测绘具有十分明显的优势，其对比可参考表 5-1。

表 5-1   无人机测绘与传统测绘对比

对比内容	无人机航测	传统测绘方式
成图精度	高	高
测绘工期	速度快	时间长
人工外业工作量	仅需要采集少量外业像控点，人工外业工作量很小	人工外业工作量很大
勘测成本	低	高
成图速度	快	慢
对面积要求	适用面积广	适用中小面积
产品类型	产品丰富，一次航测，可以制作地形图 DLG、正射影像图 DOM、数字高程模型 DEM、三维数字地形系统	产品单一
适用比例尺范围	包括 1:1000、1:2000 地形图以上的产品	可以制作各种比例尺的地形图

对比内容	无人机航测	传统测绘方式
前期准备工作	工程响应时间快速，不需要空域申请，能快速进行航测	前期准备工作较多
内业测图软件	航摄影像纠正、配准软件、空三加密软件、立体测图软件	数字测图软件
内业测图人工干预量	较少	较多
安全性	高	低
环境设置	少	多

　　基于无人机如此多的优势条件，目前在工程建设和地理信息领域，我国由传统的数据采集模式逐步升级到采用无人机航空摄影测量的模式，进行地形图测绘、石油管道巡线、电力设施维护、高速公路建设、土地确权、地籍调查、水利水电建设、农田信息监测、国情普查、矿山资源开发、地质监测等，如图 5-26 所示。

图 5-26

　　如采用了华测无人机系统，应用基于 GPS 辅助空中三角测量的摄

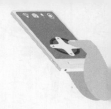

影测量方案,完成1:2000比例尺的航摄影像,效果十分明显,如图5-27
所示。而且用无人机测绘数字线画图也是不错的选择,如图5-28所示。

图 5-27

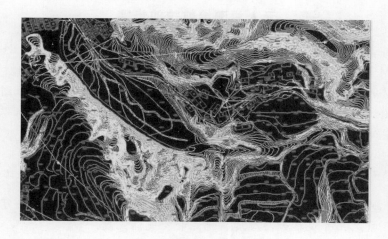

图 5-28

除了在城镇地区进行地形测绘,无人机在林地、山地、湖泊等各
类地形影像的获取也没有问题,如图5-29所示。

图 5-29

无人机测绘航拍的步骤

目前，测绘无人机可进行分辨率为 0.05m 的全覆盖航拍，选取地面控制点进行正射纠正，提高影像的几何精度，增强可解译性，并制作现势性强、精度高，且定位准确的 1:1000 比例尺的正射影像图。因此，测绘无人机低空航拍技术已成为目前最重要的手段。接下来以华测 P700E 测绘无人机为例，介绍一下无人机测绘的具体操作步骤。

（1）判断天气条件

无人机航测，气象条件的好坏是前提。出发航拍之前，要掌握当日天气情况，并观察云层厚度、光照和空气能见度。

（2）到达起飞地点

确定天气状况、云层分布情况适合航拍后，带上无人机、弹射架、

电台、计算机等相关设备赶赴航拍起飞点。起飞点通常事先进行考察，要求现场比较平坦，无电线、高层建筑等，并提前确定好航拍架次及顺序。

（3）测定现场风速

到达现场后，测定风速。华测 P700E 测绘无人机可抗 6 级风速，适应温度在 −20℃ ~60℃之间。

（4）架设弹射架

为保证飞机起飞平稳，弹射架一般逆风架设。华测 P700E 采用一体弹射架的配置，对场地要求小，对地形适应性强，相较于其他产品的弹射绳设计更符合方便、快捷的理念，同时最大限度地保证了操作人员的安全性。

（5）架设电台

电台用于地面站和无人机之间的通信。现阶段大多数测绘无人机都使用电台的方式进行无人机与地面站的数据交换，华测 P700E 的高频电台可进行长达 50km 的超长距离监控，保证飞机安全、高效地运作。

（6）当天作业日志

记录当天风速、天气、起降坐标等信息，留备日后数据参考和分析总结。

（7）姿态角度调整

对于距离上一次起飞地点超过 200km 的起飞地点，需对飞机姿态、角度进行调整，以确保飞机准确通信。无人机机体内都配备有电子罗盘、磁校准等设备，以确保飞机在飞行过程中的自我姿态控制，由于各地地磁情况不一，华测 P700E 自带校准系统，用来应对各地不同地磁情况

对无人机的干扰及安全隐患。

（8）无人机放至弹射架

安装时需检查无人机各部件是否连接紧密，弹射架供电接线是否正确连接，电力是否充足。

（9）手动遥控测试

将飞行模式调至手动遥控飞行状态，测试机头、机身、尾翼是否能按指令操作。手动遥控模式主要用于无人机起飞和降落时遇特殊情况时的应急处理。

（10）起飞前准备

起飞前要检查航拍相机与飞控系统是否连接、降落伞包处于待命状态、与风向平行、无人员车辆走动等。

（11）无人机起飞

各项准备工作完毕后，就可以起飞了。这时，操作手应持手动操作杆待命，观察现场状况，根据需要随时手动调整飞机姿态及飞行高度。

（12）飞行监测

这个过程主要做三个工作：①对航高、航速、飞行轨迹的监测；②对发动机转速和空速、地速进行监控；③随时检查照片拍摄数量。

（13）无人机降落

无人机按设定路线飞行航拍完毕后，降落在指定地点。手动遥控操作者到指定地点待命，在降落现场突发大风、人员走动等情况时及时调整降落地点。

（14）数据导出检查

降落后，对照片数据及飞机整体进行检查评估，结合贴线率和姿态角判断是否复飞，继续完成附近区域的航拍任务或转场，理论上一个起降点的飞行控制范围为 $300km^2$。

5.3.2　测绘等高线

这里的等高线和我们平时的概念一致，指的是地形图上高程相等的相邻各点所连成的闭合曲线。通常而言，把地面上海拔高度相同的点连成的闭合曲线，并垂直投影到一个水平面上，并按比例缩绘在图纸上，就得到等高线图（如图 5-30 所示）。在运用无人机取得航拍图片之后，先做出数字表面模型，然后直接在模型上画出等高线。只需要在屏幕上确定高度，然后选定等高线之间的间隔、简化程度之后就可以开始了。这一过程比传统的等高线画法更为方便、快捷。

图 5-30

什么是数字表面模型？

数字表面模型（DSM，如图 5-31 所示）是指物体表面形态以数字表达的集合。具体来说，数字表面模型包含了地表建筑物、桥梁和树木

等高度的地面高程模型。DSM可以真实表达地面起伏情况，可广泛应用于各行各业。如在森林地区，可以用于检测森林的生长情况；在城区，DSM可以用于检查城市的发展情况；特别是巡航导弹，它不仅需要数字地面模型，更需要的是数字表面模型，这样才有可能使巡航导弹在低空飞行过程中，逢山让山，逢森林让森林。

图 5-31

与这一概念类似的是数字地形模型（DTM，如图5-32所示），又称"数字高程模型"。指在一个区域内，以密集地形模型点的坐标X、Y、Z表达地面形态。与DSM相比，DTM只包含了地形的高程信息，并未包含其他地表信息。DSM和DTM一般结合起来使用，主要用于描述地面起伏状况，可以用于提取各种地形参数，如坡度、坡向、粗糙度等，并进行流域结构生成等应用分析。

图 5-32

5.3.3 以数字表面模型计算体积

上一节我们提到过数字表面模型，除了可以用这一模型画等高线之外，还可以用它计算体积。这一功能在平时也许不足为奇，但是如果遇到突发状况，快速计算物体体积的优势或许就能拯救不少生命。

例如山体滑坡（如图 5-33 所示）是一种常见的地质灾害，不仅会造成人员伤亡、财产损失，而且滑坡发生后形成的堆积体也经常会引起房屋掩埋、道路中断、河流堵塞等危害，并直接影响灾后人员搜救及救援物资运输工作的开展。灾害发生后一个区域内的滑坡堆积物数量和范围较易获取，不过其体积的计算则比较困难。传统计算滑坡体积方法以统计关系计算为主，一般是通过滑坡体表面面积和体积之间关系的经验公式展开。整个计算过程较为复杂，而且耗时较长，往往会耽误救援时间。

图 5-33

　　随着遥感航拍技术的发展和应用，目前许多学者已经开始利用高分辨率遥感影像和 DEM 来获取滑坡体体积。其总体思路是：从航拍影像上获取滑坡边界的投影面积，在该边界范围内计算滑坡前后的 DEM 的高程差，最后通过高程差和滑坡投影面积的乘积获取滑坡的体积。这种方法简单、快捷，而且具有较高精度。

　　总之，要快速计算出物体体积，最根本的还得依靠无人机拍回的影像。事实上，就在前几年的东南亚台风灾害中，无人机就已经奋战在救援第一线了。

无人机的新使命：勘测地形，救援灾区

　　2013 年袭击东南亚的台风"海燕"，是有记载以来最强的热带气旋之一，它夺走了超过 6000 人的生命，破坏了大量的道路，使救援人员无法到达偏远的地区。就在人们束手无策时，无人机走进了人们的视野。一些救援组织尝试使用无人机来勘测地形，让人没想到的是，他们所拍摄的图片能够帮助救援人员定位走失的人群，同时还可以创建 2D 和 3D 地图，这些地图在受灾严重的地区无疑是雪中送炭。

　　台风"海燕"成为无人机应用在灾难援助领域的一个标志性事件，因为它首次使用了大规模无人机来帮助定位受灾人员，绘制高风险区域地图信息。此后，救援组织就开始部署无人机在其他受自然灾害影响的地区进行救援，其中包括 2015 年深圳光明新区的"1220 滑坡事故"（如图 5-34 所示）。

　　由于此次山体滑坡面积比较大，为现场救援增加了难度。有关部门首次运用无人机参与救援工作，获得了很好的效果。无人机通过 3D 倾斜摄影，对事故现场进行楼体精确定位、监控异常情况。在黄金 72 小时救援中，无人机操作人员每天以 150m 高度，通过对现场 374 个航点精确拍摄，制作现场高精度三维立体图像，为搜救工作提供重要参考。而且，这架无人机还进行了一次长达 10km 的超视距无人空中应急救援

物资速送演练。在这次测试中，其加挂的专业载物仓一次可运送约 3kg 左右的救援物资，在 10km 外的指定地点进行自主降落，地面降落误差仅在 20cm 以内，全程用时约 8min（地面车程 40min）。

图 5-34

除了救援灾区，无人机还可以用来定位战争遗留的炸弹和地雷，防患于未然。根据联合国公布的数据，未爆炸物每年都会夺走 2 万条生命，其中大部分是儿童。目前全世界范围内总共有超过 1 亿枚地雷还被埋在地下，按照目前的清除速度，还需要 1000 年的时间才能将它们清理干净。这是一个缓慢且非常危险的工作，工作人员需要使用金属探测器，或者训练过的狗，或者简单地刺探土壤来寻找它们。

目前已有一种配置激光雷达远程感应系统的无人机，能够创建一种没有植物覆盖的地形 3D 图，它可以帮助现场工作人员识别出可能存在地雷的地点。据悉，这架无人机将开始在老挝进行测试工作，因为在越南战争期间，美国共向该地区投掷了近 2000 万吨的爆炸物。有了无

人机的协助，排查地雷的风险将会大大减小，而效率将会成倍提高。

5.4 "上帝视角"看世界

　　无人机实现了从空中拍摄地球地貌，获得俯视图，给人统揽全局的俯视视角，极具冲击力和震撼力，也被人称为"上帝视角"。不过，航拍的"上帝视角"只是静态的照片，那么，能否有动态、实时的"上帝视角"呢？连上VR，让这一想法成为可能。

5.4.1 连上VR，做一回"飞鸟"

　　虚拟现实技术（VR），是一种可以创建和体验虚拟世界的计算机仿真系统。它利用计算机生成一种多源信息融合的交互式三维动态视景，使用户沉浸到仿真实体行为环境中（如图5-35所示）。

图 5-35

　　VR主要包括模拟环境、感知、自然技能和传感设备等方面。模拟环境是由计算机生成的、实时动态的三维立体逼真图像；感知是指理想

的 VR 应该具有一切人所具有的感知，除计算机图形技术所生成的视觉感知外，还有听觉、触觉、力觉、运动等感知，甚至还包括嗅觉和味觉等，也称为"多感知"；自然技能是指人的头部转动，眼睛、手势或其他人体行为动作，由计算机来处理与参与者的动作相适应的数据，并对用户的输入做出实时响应，并分别反馈到用户的五官；传感设备是指三维交互设备。

当无人机与 VR 技术结合在一起，"上帝视角"不仅仅显示在手机或平板电脑上。VR 眼镜让你以一种更加立体的方式感受"上帝的视角"，像飞鸟一样看整个世界。

Micro Drone 3.0 无人机带你"飞"

过去，飞行爱好者们只能对着计算机或手机屏幕体验一把"开飞机"的感觉。但在 VR 技术成熟之后，终于可以以更真实的效果来还原飞行的乐趣。然而，这依然只是在虚拟世界中飞行。如果既要享受翱翔天空的自由和刺激，又要避免驾驶真实的飞机，那到底有没有这样一种两全其美的办法呢？当然有！一架带上 VR 的无人机，完全可以满足你的愿望。

我们都知道，一架无人机是可以真实地在空中飞行的，而一款合格的 VR 设备，则可以让你有"代入感"。当两种设备走在一起，你就可以通过 VR 设备，跟着无人机一起飞行。那种体验，真的犹如坐在飞机的"机舱内"操控飞机在空中飞翔。原理其实很简单，就是用"VR 头显"取代用以显示无人机摄像头图传到普通屏幕的画面，你在头显上看到的图像，就是无人机摄像头看到的画面。

而在这一领域的无人机中，由英国 Extreme Fliers 所设计的 Micro Drone 3.0（如图 5-36 所示）无疑是其中的佼佼者。据介绍，这架 Micro Drone 3.0 还号称为体积最小的无人机，整体大小只有手掌大，体重只有 71g。即便这么轻便，你也不用担心它会被大风刮走。

Extreme Fliers 开发了一种特殊算法，可以使 Micro Drone 3.0 无人机在 45km/h 的狂风中正常工作。而且，麻雀虽小，五脏俱全，袖珍的体型并没有限制它的拍摄功能。它虽然只搭载了高清摄像机的微型万向节，但是已足够拍摄 720×1280 分辨率，30fps 格式的视频，而且万向节还可以让镜头尽可能减少抖动。

图 5-36

当然，这些都不足为奇。最为出彩的是，你只要戴上特定的 VR 眼镜，Micro Drone 3.0 就能让你摇身一变，拥有"上帝之眼"。可以设想下，当你推动油门飞行时，看到的是一览无余的"上帝模式"，向下俯冲飞行，完全用第一人称视觉感受真正坐在飞机上的痛快感觉。如果转动头部，眼前的画面也会同步呈现。

其实除了 Micro Drone 3.0，还有其他的可以支持 VR 的无人机。如 Parrot 公司的 Bebop 无人机，也能够实现 Skycontroller 遥控器与第一人称视角的眼镜或头戴设备兼容，让你身临其境的感受驾驶飞机的乐趣。此外，还有我国亿航公司研发的 GHOSTDRONE 2.0 无人机（如图 5-37 所示）。这架无人机整合了 4K 球形相机和 VR 虚拟现实眼镜，并且搭配全新改版的 APP，升级了新的控制系统。使用者只需要头戴 VR 眼镜，通过装有 APP 的手机就能轻松地操作它。

图 5-37

随着具有 VR 功能的无人机的普及，玩家们也摸索出了一些高级玩法，FPV（First Person View，第一人称视角）无人机比赛就是一例（如图 5-38 所示）。FPV 无人机比赛虽然看起来十分酷炫，但实际操纵起来一点都不容易。一是由于比赛中设置了复杂的航线和障碍物；二是由于操控者不能看到整个机身，需要预估机身和螺旋桨的宽度以顺利穿梭，这都为操纵无人机增添了不小的难度。不过，操纵的难度也为FPV 无人机比赛带来了无穷的乐趣。即使是在比赛过程中不幸坠机，主办方还会评选"今日最佳坠机"（Crash of the day），在坠毁的无人机面前拍照留念。在目前的 FPV 无人机比赛中，飞出的最远距离是68.9 英里，最高高度是 33 103m，最快速度是 353 km/h。新奇、好玩，是大家对 FPV 无人机的一致看法。也许等到数年之后，无人机竞技比赛也会发展成一种类似于电子游戏的比赛盛事吧。

图 5-38

　　无人机加上VR，还能运用到更多的场合之中。例如，过去无人机被用于搜索和救援，想象一下，如果使用虚拟现实无人机搜寻丢失的儿童，只要部署4~5架无人机就能成倍增加搜寻区域。而且，消防部门可以使用虚拟现实无人机监控一座大型建筑的火情，或者飞进切尔诺贝利灾区之类人类无法进入的地方，而所获得的视觉观感是完全真实的。

　　虚拟现实无人机的另一个选择是用于体育领域。在训练期间，教练人员可以让一些无人机飞在球场上空记录情况。球员戴上VR眼镜，再回顾训练细节时，就和再次训练的情景一样，提高了训练效率。同样，在舞台或者音乐会，即便是没有到达现场参加活动的观众们，通过VR与无人机，同样可以感受坐在现场前排的感觉（如图5-39所示）。

图 5-39

　　看到无人机加VR有如此多令人脑洞大开的应用，你是不是也想试一试呢？不过，目前市场上并非所有的无人机都支持VR眼镜，下面，我们就列举一些和VR兼容的无人机。

1. 华科尔 Runner 250 Advance

在国产精锐航拍无人机公司之中，华科尔科技有限公司致力于研发全球创新高端无线产品、无人机飞行控制系统及地面站控制系统、专业影视航拍飞行平台、顶级商用云台系统、高清远距离数字图像传输系统。华科尔并不是一个新兴的无人机产品研发企业，其拥有数十年研发、生产、销售、服务经验与沉淀。华科尔无人机产品线之中，能够实现第一人称航拍体验的，就要数这款 Runner 250 Advance 无人机了（如图 5-40 所示）。

图 5-40

不得不说，这款华科尔 Runner 250 Advance 给人印象最深刻的是其外观相当精致。体型小巧、结构扎实，重量也仅仅只有 570g（含电池），没有使用传统的盒子包装而改用双肩背包，一切都是为了轻松出行放飞而设计的。这款无人机定位虽然是穿越机，以高速飞驰为主打玩法，但为了顾及入门玩家而设置了 GPS 功能以及转向指示灯，还有蜂鸣报警器等功能，相当人性化。其配套附件包括：自紧浆、电池、充电器及数据线等，各种小工具一应俱全，以方便用户轻松入门。遥控手柄是搭配自家的四轴承设计的 DEVO 7，并不复杂的按键设计以及良好的手感能让消费者无须学习就能上手体验。

华科尔 Runner 250 Advance 采用模块化设计，跟随安装说明书，把机架、电动机、无刷电调、OSD 等多个模块卸载下来再安装回去都会十分轻松，这对于穿越机需要更换部件时是十分方便的。华科尔 Runner 250 Advance 前后都有冷、暖光源 LED 灯，能让你操控的时候可以轻松识别前、后方向。本身机架采用碳纤维材质制造而成，无须担心其坚固程度的问题。实际上笔者在飞行时也有不少失误，然而华科尔 Runner 250 Advance 主要部分依然毫无故障，碳纤维机架让人十分放心。

穿越机是十分有趣的一种航拍无人机类型，当你还没有熟练操作的时候，你可以利用 GPS 练习高定点和一键返回等操作。当你觉得自己在操作上有所进步之后，就可以放心、大胆地推动油门前进冲刺，再深入一些的时候就带上华科尔自家的 Goggle 眼镜，完全用第一人称（FPV）视角感受坐在飞机上的痛快感觉！

2. 亿航 GhostDrone 2.0

亿航作为国内领先的无人机厂商，一直专注于无人机的技术研发，在过去一年中产品已经覆盖了 70 多个国家，团队也从最初的 5 个人成长为现在的 200 人团队。本节介绍的亿航 GhostDrone 2.0 无人机系列推出了标准版、云台版、航拍版和旗舰版 4 款产品，并通过红与黑、白与蓝的色调搭配，融合潮人运动元素及科技感，带来活泼、鲜明的视觉审美体验。

GhostDrone 2.0 是一台 4 轴的小型无人飞行器，使用 8.5 英寸两叶自紧螺旋桨，拥有 4500mAh 的电量，14.8V 超高压 4S 电芯，飞行时间能够达到 25min。航拍套件是一款球形的相机，支持 1200 万像素静态照片拍摄，并可在 1s 内 30 张连拍。可录制 1080P、2.7K 及 4K 高清视频，在新的三轴云台的加持下这款相机会有更好的表现。这款三轴云台支持亿航 4K 球形相机、亿航二代运动相机和 GoPro 运动相机（如图 5-41 所示）。

图 5-41

用户可以通过倾斜、摆动、旋转搭载亿航 APP 的智能手机和平板电脑等移动设备，来同步操控无人机的飞行姿态，并通过改变倾斜角度控制飞行速度，并且 GhostDrone 2.0 即使在没有 GPS 信号的室内也能安全飞行，实现机随手动、自由徜徉的飞行享受。

同样亿航也推出了 VR 图传眼镜，并具有头部姿态追踪功能，实现第一人称视角的操控体验，用户可以直接通过头部动作控制云台俯仰等动作，其还具有 2.4G 数传以及 5.8G 图传功能，用以实现数据和图像通信的稳定传输，并且还配有前置摄像头，可不摘眼镜直接看到前方画面。

3. 大疆 Phantom 3

大疆创新是一家国内的无人机厂商，在无人机领域可谓无人不知，市场占有率超过 50%。Phantom 3（如图 5-42 所示）是大疆创新在入门娱乐级无人机产品中的第三代产品，技术含量颇高，国内有着不少粉丝。

图 5-42

大疆 Phantom 3 是一款小型四轴无人机，轴距约 330mm，使用 9 英寸螺旋桨。Phantom 3 分为两个版本，一个是 Professional，另外一个是 Advanced，前者带有 4K 相机以及 100W 充电器，后者带有 1080P 相机以及 57W 充电器（充电器功率影响充电速度）。除此之外，两者并无差别。

大疆 Phantom 3 整体功能都没有什么大问题，高清数字图传、三轴增稳云台、GPS+GLONASS 双卫星定位都是业界领先的技术。不过电池电芯损坏速度太快、新固件影响稳定性等都是众多用户实际遇到并反映出来的问题，所以说 Phantom 3 还未能成为一款完美的产品。Phantom 3 要连接 VR 眼镜，体验 FPV 第一人称的快感时，还需要另外购买高清视频输出插件。

5.4.2 实时手机共享画面

使用无人机航拍，或许你已经很熟悉了。不过，有的玩家希望无人机在拍摄照片或视频的同时，能够实时传输到地面设备，并且还可以与小伙伴们共享这一精彩时刻。得益于手机实时共享功能，这一想法现

在已经成为了可能。

目前，用户使用无人机进行拍照后，拍摄的照片可以立即传回手机，如果你的小伙伴们都与你的无人机通过 WiFi 连接，他们也能和你一样，接收到最新的照片。这样一项技术解决了用户使用无人机拍照时"被割裂"的拍照查看体验，将不同渠道的照片汇集到一站式平台上。

5.5 大气中的卫星

气象信息是经济发展规划和农业发展的重要依据，而我国国土辽阔，通过现有的人工作业方式，效率不高；在气象监测天气预报方面，卫星图清晰度不高，无法获取有效的实时气象数据，因此预报依据不足。

随着气象测量传感器、无人机制造、飞行控制及数据处理等技术的发展，无人机气象探测技术得到长足的发展，逐渐成熟并走向应用。无人气象直升机在气象监测领域具有极大的优势，操作员可以很方便地在地面控制飞机的飞行路线和飞行高度，既提高了效率，又能够准确把握气象数据。

5.5.1 无人机气象飞机的应用

无人机气象飞机主要测量的气象数据包括：温度、气压、湿度、风、真高度、各种图像（数据）、云形成类型和大小、能见度、湍流大小及积冰等。尤其对于台风眼和龙卷风眼追踪特别有用，强烈旋风的危害很大，但生成机理和预测依然有很多难题。实际进入风眼收集数据十分必要，但危险性也不言而喻，这是无人机不可替代的应用场合。此外，无人机还能进入热带上空的平流层，研究平流层水汽是如何影响全球气候的，并且可以观察臭氧，更好地了解水蒸气和臭氧之间的相互作用。

目前，美国已实际运用无人机探测飓风。由于无人机能冲入暴风雨的"心脏"，而不会像人那样受伤，用它来揭开飓风的奥秘就再合适不过了。这架无人机被命名为"飓风和强风暴哨兵"（H3），是一款经过改装的"全球鹰"无人机，翼展 35m，飞行时间可达 30h，飞行距离 17 700km。科学家试图使用无人机对飓风进行深入研究，揭示飓风形成的环境与内部因素，同时提高对飓风预测的能力，减少飓风带来的损失。

这架无人机上还安装了用于测量风暴系统温度、水汽含量、云层结构和深度、悬浮颗粒物或尘埃水平的激光测量仪，可以采集有关风暴系统中温度、气压、风力以及湿度的数据。

无独有偶，美国佛罗里达大学的一个研究团队正在使用不同的方法解决同样的问题，他们布置了一群 6 英尺长的无人机，使用一台笔记本电脑进行控制。这些无人机几乎不使用电力，在风流和水流的裹挟下，可以穿越大的暴风雨，收集与温度、气压、湿度和位置有关的数据，这些数据将帮助科学家们理解飓风内部的风力和水力。

5.5.2　无人机气象飞机的优势

※　低成本，性价比好。一架无人机的成本只需有人机的几十分之一，甚至几百分之一，而且使用和维护费用低。

※　无人员伤亡的风险。

※　生存力强。无人机广泛采用塑料、玻璃纤维和其他透波材料，能够快速修复。

※　机动性好。小型无人机机体小、重量轻、不要求有专门设备的机场起降。

需要注意的是：无人气象直升机要求在各种恶劣天气飞行，数据传输系统和飞行控制系统也可能受到干扰。在这种情况下，飞机既要保

持较快的速度飞行，又必须精确地测量各种气象数据，因此对无人气象直升机的各系统要求都很高。在低飞测量时，无人机会与地面设备失去联系，因此无人气象直升机必须有自主飞行管理系统。无人气象直升机一般采用导航测风，因此要求有精确的导航定位系统。此外要求各种测量仪器惯性小、精确度高和可靠性好。

气象无人机举例

目前，在气象与环境监测领域技术比较成熟的是美国和澳大利亚。他们已经使用多型气象无人机执行了一系列的任务。接下来，我们就对其中有代表性的气象无人机进行介绍。

"希腊海神"无人机，是美国研发的一款新型高空、低速无人机。"希腊海神"无人机于 1998 年首飞。它的有效载荷为 800kg，起飞质量为 5700kg，飞行高度为 16 000m，巡航时间为 18h，航行效率 2.5，高空效率 10，在航行效率和高空效率上它优于美国的"全球鹰"无人机。"希腊海神"机体采用了长圆柱形截面的机身，下垂的机头，在机身前后分别安装了具有上反与下反的大型前翼和主翼。机身的中段和下面吊挂了机载实时成像系统和中继天线。根据任务的不同，"希腊海神"可以进行任务载荷的重新配置，就像传说中的海神一样可以随便改变自己的容貌，因此得名（如图 5-43 所示）。

图 5-43

"太阳神"无人机，由美国航空航天局与航空环境公司联合研制。翼展达 71m，长度约 3.6m，能够飞到 21 000m 的高度。"太阳神"无人机每次飞行时都能够依靠太阳能在空中坚持 14h 左右。"太阳神"号曾在 1999 年前进行了 6 次电池动力试飞，2001 年改进为由翼展上 6 万多块太阳能板提供动力（如图 5-44 所示），创下了无燃料飞行器飞行海拔高度的纪录，飞行高度为 29 524m。但是，该机于 2003 年 6 月 26 日在试飞过程中突然空中解体，坠入夏威夷考艾岛附近海域，从此少有该领域无人机的消息。

图 5-44

5.6 无人机的其他应用

在民用领域，除了以上介绍的一些应用外，无人机还可以有更多的用途。

5.6.1 无人机布线

电力无人机主要指无人机在电力工程方面所充当的角色。具体应

用于基础建设规划、线路巡查、应急响应、地形测量等领域（如图 5-45 所示）。

图 5-45

优势所在：

※ 具备防雨水功能。无人机可在大雨和中雪天气飞行，不受恶劣天气影响，可随时巡航，有利于加大重点区段的特巡力度，增加大负荷运行下设备的检测次数。

※ 机动灵活。无人机机身轻巧可靠、结构紧凑、性能卓越，使用不受地理条件、环境条件的限制，特别适合在复杂环境执行任务，可定期对线路通道内树木、违章建筑等情况进行重点排查、清理，确保输电通道安全。

※ 傻瓜式自主飞行。输电设备面临自然灾害的威胁，无人机系统具备全自动一键式起降及傻瓜式自主飞行功能，可长时间空中悬停或飞停于某固定点，通过大范围飞行快速巡查，可第一时间掌握事故隐患地点。

※ 反馈及时。无人机内置大内存超小机载高清拍摄设备，通过航拍测绘掌握地面受灾程度，地面工作站控制指挥人员可以根据实时回传的数据立即通知相关单位开展抢修、维护工作。

※ 提高抢修队伍在处理应急事件的办事效率。无人机可以快速、准确地为受灾地区进行定损评估，为电塔、电线抢修赢得宝贵的时间。

※ 降低电力部门整体的巡检成本。无人机巡航在拍摄过程中如果发现重大危急缺陷，可以及时为运行单位提供信息，可避免线路事故停电，挽回高额的停电费用损失。

5.6.2　无人机森林消防

林业消防无人机的应用，解决了在地面巡护无法顾及的偏远地区发生林火的问题，还可以对重大森林火灾现场的各种动态信息准确把握和及时了解，也可以解决飞机巡护无法夜航、烟雾造成能见度降低无法飞行等问题。作为现有林业监测手段的有力补充，无人机显示出其他手段无法比拟的优越性，在林业火灾的监测、预防、扑救、灾后评估等方面必将得到广泛的应用（如图5–46所示）。

图 5–46

优势所在：

※ 无人机专用非制冷双通道红外成像仪。可穿透烟雾进行人员搜救；实时图传系统及地面控制系统可以有效确认人员、危险品等重点关注事物的方位；具有中心十字线测温功能；具有区域温差显示功能；具有区域最高温度定位功能；具有全红外、视频影像、双视频通道叠加功能。

※ 高分辨率数码相机。观测事物 100m 时，物探精度 ≤ 10mm，可有效发现关注事物的细节；对区域进行系统拍照，可形成时效性强的区域正射遥感影像图，使任务决策、灾情管理、灾后报告等更加直观、有效。

※ 高清晰度数码摄像机。实时图传系统和地面控制系统可有效协助工作人员锁定、观察关注事物。

※ 物资投递设备。通过集成探杆、线轮、物品仓、软梯等，可执行物资横向运输、线路牵引、传单投递、物资投递等任务。

※ 其他。可用于广播、照明、通信中继。

5.6.3 警用领域

无人机尺寸较小，续航时间超长，不受地形视野限制，不易引起被监视对象的注意。携带的监控设备可以长时间提供稳定、高分辨率的实时视频，对反恐、反毒、反有组织犯罪、刑事调查、人群监控、大面积搜索等方面特别有用。例如，在 2011 年，美国的一位警官在搜寻 6 头走散的牛的时候，在一座农场中受到 3 名持枪歹徒的威胁。警方立刻进行增援，同时呼叫海关用于边境巡逻的无人机在空中监视现场，防止遭到伏击。无人机在 3200m 的空中徘徊，通过传回的实时视频，确认 3 名嫌疑人在某一时刻没有武装，警方乘机突入，一举逮捕。

除了无武装的空中监视外，无人机武装之后也可用于特殊的警察

行动。对于特别危险的暴力犯罪嫌疑人，动用无人机进行空中定点杀伤是完全可能的。在特别危险的大规模动乱中，无人机可以用于对暴力人群的空中监控，这可以在实时掌握情况的同时，避免现场警察遇到危险。配备面容和体格特征的图形识别功能后，空中巡逻的无人机也可以在浩瀚人群中搜寻、识别追捕对象，这比通过固定的街头摄像头要有效得多。

在其他警务方面，无人机还可以用于人员出行保护，在车队前巡视路线和经过的地区，掌握安全态势，预防意外。如果用于消防营救指挥，不仅可以避免交通堵塞而迅速赶到现场，现场实时监视火情和蔓延方向，还避开交通堵塞，及时进出火场。在野外搜救方面，无人机同样大有可为，可以迅速覆盖大片区域，这有利于在搜救作业最宝贵的初期就发现线索（如图5-47所示）。

图 5-47

无人机的监控功能在城市交通监控、道路和公共场所停车管理方面也大有可为，可以高效地监控大片区域。例如，用超低空巡飞的无人机拍摄车辆牌照，自动辨识按规定放在前风挡玻璃下的付费停车票据，可以在短时间里巡逻大片区域，保障按规定付费的合法停车者的权益，惩处非法停车或者超时停车。城管的市容巡逻，高速公路上追查超速车辆，如果使用超长航时的无人机，可以保持长期稳定的游动监控，减少

盲区，降低超速驾车人的侥幸心理（如图5-48所示）。

图 5-48

5.6.4　勘探和采矿

　　勘探和采矿也是适合使用无人机的地方。用无人机在荒无人烟的地方实行航测，从多光谱到探地雷达，从磁场异常探测到重力异常探测，可以发现多种矿藏和其他资源，这当然是最自然的应用。开始开采时，用无人机测绘矿场矿坑的 3D 地图，指导开采作业，这是另一个自然的应用。传统上用光学摄像进行测绘，但激光雷达也开始用于精确测绘了。对于正在作业的矿山来说，尤其是露天矿坑，无人机还可以用于随时监测矿坑壁面和坡道的地质稳定情况，及时提醒维修和加强，在可能出现危险的时候，及时预警（如图5-49所示）。

图 5-49

5.6.5 建筑和土木施工

　　与采矿相近的一个应用是建筑和土木施工。高空吊装作业的时候，用无人机实行实时近距离环绕观察，有助于保障安全和精确作业。对于桥梁、高层建筑等高难度施工，一般的施工进度控制用普通照片就足够了，但在空中从各个角度近距离但非接触的实时视频观察可以更加准确地反映施工现场。即使在普遍采用计算机辅助设计的时代，由于制造或者安装错误，施工现场上构件或者管线对接不上的事情依然时有出现。设计和技术人员直接爬到第一线调查和指导整改并不总能实现，牵涉到从外地外包预制件的情况更是如此。这时无人机就可以用于远程实时指导现场整改，帮助施工顺利进行。无人机还可以随时检视施工现场的建材准备情况，规划建材运输路线，帮助及时调运建材，保证进度。涉及到特大设备远程运输的时候，无人机更是可以沿路指挥交通，避开繁忙时段、路段，降低对公众交通的干扰（如图 5–50 所示）。

图 5–50

5.6.6　大范围巡逻

　　无人机可以在短时间内覆盖大片区域，尤其是人迹难至的遥远区域，这对公路、铁路、高压电线和油气管线的巡逻特别有用。如果公路、铁路、高压电线和油气管线要人工巡逻，工作量很大，尤其是输油输气管道和高压电线，可能穿越崇山峻岭，步行都难以到达。这些场合用无人机巡逻特别合适，可以抵近检查设施完好情况和检漏。如果配备遥控机械手，无人机还可以对偏远的高压电线、油气管线进行简单的维修。灯塔、微波中继塔、手机基站、各种无人值守监测站也是一样。化工厂、炼油厂和大型桥梁也可以用悬停接近的无人机进行检查。精馏塔、尾气燃烧装置、桥墩等高大结构的近距离检查也不在话下。环保监测也是类似的应用，无人机不仅可以对大片地区做一般监测，也可以对可疑地区重点监测（如图 5-51 所示）。

图 5-51

　　除了这些常规的应用，无人机在新闻、影视、娱乐方面也大有可为。广告、婚纱、庆典摄影也可以用无人机完成，说不定哪一天私人侦探也会用上无人机（如图 5-52 所示）。

图 5-52

民用无人机的 13 个瞬间

1980 至 2016 年的这段时间，见证了无人机领域翻天覆地的变化。下面，就讲讲这 30 多年来，民用无人机领域有哪些难忘的瞬间。

1982 年：中国民用无人机 D-4 诞生

1980 年 3 月，就在中国无人机市场还以军需为主时，西北工业大学研发了一种多用途无人驾驶飞机 D-4，主要用于航空测绘和航空物理探矿。1982 年，4 架样机和两套地面设备研制完成，几个月后进行了第一次成功试飞。1983 年 12 月，D-4 通过技术鉴定，被认为是一项水平较高的综合性技术成果，并于 1995 年投入小批量生产。可以说，D-4 开创了中国无人机军用转民用的先河，是真正意义上的第一款中国民用无人机。

1991 年：雅马哈敲开农业植保的大门

自 1991 年进入植保市场以来，雅马哈无人机累积作业时间超过200 万小时。仅在日本，雅马哈农业无人机在用数量就已超过 2500 台，担负着日本 35% 的稻田病虫害防治工作。雅马哈无人机在农业植保领域的地位，至今无人能撼动（如图 5-53 所示）。

图 5-53

1997 年：气象无人机诞生

1997 年由澳大利亚 Aerosonde 公司研发的最早一款气象无人机——Aerosonde（气象侦察兵）投入使用（如图 5-54 所示）。2001 年，美国利用该无人机进行了低空气象探测尝试，获取了进水面（约 300m）的温度、适度和风速等气象资料。同年，我国科学家利用该无人机成功飞入"海燕（0121 号）"台风的环流圈内，据台风中心最近仅 150km，测得了气压、最大风速和温度等气象要素。

图 5-54

2005 年：首次穿越台风中心

2005 年，我国科学家利用 Aerosonde 公司生产的 MK- Ⅲ 无人机成功穿越了"龙王"的台风眼，在台风核心区持续飞行了近 10h，并获取了飞行高度（3km）处台风云墙内的风速。

2008 年：助力抗震救灾

汶川地震发生后，多家机构和企业联合成立"无人机遥感应急赈灾联合组"，并于 2008 年 5 月 15 日，获取了重灾区四川省德阳市绵竹县汉旺镇灾区的航空遥感影像；5 月 16 日获取了四川德阳市什邡市洛水镇的影像；5 月 17 日以后主要对于地震后山体滑坡、崩塌等导致的堰塞湖进行拍摄。无人机拍摄的相关影像经简单拼接与注释后，就被立即送到抗震救灾指挥中心，服务于抗震救灾以及对于堰塞湖的动态监测与风险评估（如图 5-55 所示）。

图 5-55

2009 年：电力巡线

2009 年，国家电网公司正式立项研制无人机巡检系统。同年，南

方电网普洱供电局输电所成立攻关小组开展技术创新，组织人员到施工现场测量数据、外出"取经"。通过艰苦奋战，科研人员设计了"打垂直接地体降低雷击跳闸"改造方案，提出了"无人机巡线"的设想。

2010 年：消费级市场打开

这一年，法国 Parrot 公司发布了世界上首款流行的四旋翼无人机——AR.Drone。自此，越来越多的企业开始投身消费级无人机市场。

2011 年：载人飞行梦的开端

2011 年，德国飞机制造商 e-volo 制造的多轴飞行器首次完成了载人试飞，使人们对无人机的定义有了重新的认识。之后，2014 年英国 MalloyAeronautics 公司发布 Hoverbike 自动驾驶飞行摩托；2015 年美国 Terrafugia 公司开始小尺寸 TF-X 自动驾驶飞车测试；2016 年，亿航 184 可载人无人机亮相电子消费展。

2012 年：航拍无人机兴起

2012 年之前，消费级无人机市场的客户群体主要为航模爱好者、发烧友等小众群体。2012，世界首款航拍一体机大疆 Phantom 问世，无人机开始走向大众。

2013 年：送货无人机计划

2013 年 12 月 1 日，亚马逊公司的 CEO 杰夫·贝佐斯首次透露了公司的送货无人机服务计划 Prime Air，旨在利用 GPS 技术让无人机可以在 30min 内将货物送至消费者手中。为了实现这一目标，亚马逊公司已经对其无人机进行了数次试验，并不断地改良换代。

2014 年：无人机服务受关注

2014 年 5 月，无人机数据采集服务公司 Skycatch 完成 1320 万美元的融资，使媒体和行业开始关注到以无人机数据采集服务为代表的

无人机服务市场的巨大发展空间。2014 年 6 月 24 日，中国人寿财产保险股份有限公司同无锡汉和航空技术有限公司签约，为无锡汉和航空技术的植保无人机提供机身险和第三者责任险服务，开创了中国无人机保险的先河。

2015 年 7 月：世界互联不是梦

2015 年 7 月，Facebook 推出全尺寸太阳能无人机 Aquila，欲为世界偏远地区带来互联网接入服务。Aquila 重约 880 磅，翼展为 42m，飞行高度达到 20~30km，可一次在空中飞行 90 天，而且不会受天气影响。真正开始操作时，无人机将会以 3km 为半径做环形飞行。为了储蓄能量，无人机白天将在 30km 的高度飞行，夜间则下降至 20km。

2015 年 11 月：最快的 3D 打印无人机

2015 年 11 月 9 日，世界首架 3D 打印喷气式动力无人机在迪拜航空展上亮相，凭借约 241km/h 的飞行速度，它也被认为是世界上飞得最快的 3D 打印无人机。

2016：更多可能

人工智能、虚拟现实、水陆空多功能、更强大的感知避障…今后无人机将有更多可能。

第 6 章
无人机将飞往何处

　　自从无人机技术进入市场以来，许多专业人士都利用它来加速各自领域的创新。从军事到体育再到房地产，无人机几乎在每一个行业都得到了应用。可以说，无人机已经在不知不觉中走进了我们的生活。

6.1　无人机对于现有生活的影响

　　无人机原本是战场上极度神秘的武器装备，现在却逐步进入人们的日常生活——求婚、送快递、上菜、牧羊……这些极具趣味性的用途，剥去了无人机的神秘外衣，成为普通人就能拥有、享受的生活用品。甚至可以说，无人机真可谓"上得战场，下得厨房"。

　　不过，任何事物都有两面性，我们在接受无人机之前，可以从不同的角度来分析它。

1. 有利的一面

　　无人机有能力让世界变得更好。这一点我们在无人机的民间应用中已经提到，如可以使用无人机来救援危险者、利用无人机灭火、处理化学安全事故，以及城市多水地区的堆积事故；也可以应用在刑事侦察的许多方面，例如追踪嫌犯、寻找失踪者、监视事故现场；还能用于保护野生动植物、监视可能会对动植物构成威胁的潜在因素等。不过，这里我们着重说一说无人机给我们带来的弊端。

2. 不利的一面

　　无人机也有能力让世界变得更糟糕。没错，无人机可以用于安保，同时又可能会成为致命武器。无人机用于侦察和监视，一些人感到隐私被侵犯。

自杀式无人机

由于多旋翼无人机不需要很大的起降场地，恐怖分子完全可以将挂载有数千克爆炸物的飞行器在目标地点 1km 乃至更远的地方进行空中突袭。

此类飞行器的有效雷达反射截面极小，被成功拦截的可能性非常低，它们因此被称为"自杀式无人机"。

还有研究表明，存在无人机被劫机的可能性。攻击者可以向手机发送虚假视频，欺骗用户，制造无人机正常工作的假象。攻击者还可以侵入并控制无人机，可以将摄像头指向任意方向，打开或关闭摄像头，窃取无人机上存储的图像，或者删除无人机上的所有数据。最后，攻击者还可以劫持无人机，让它飞到任意地方或坠毁。

成为犯罪新工具

无人机本身具有轻便的特点，加上获得渠道方便、价格选择空间大，极容易成为不法分子实施犯罪的工具，再加上侦察和监管难度较大，利用无人机犯罪的情况频繁发生，且屡禁不止。

例如，2015 年 1 月 20 日，一架携带冰毒的无人机在美墨边境处坠毁，上面携带了约 3kg 的冰毒。据 DEA 称，无人机通过边境走私毒品越来越常见。

前不久，在英国，一群大胆的囚犯试图借无人机越狱。他们企图用无人机运送一对断线钳、手机以及毒品等物。虽然因为远程操纵的无人机降落在了监狱围墙外面，造成这一举动以失败告终，但是，无人机被滥用造成的诸多不良影响，确实应该引起我们的重视。

泄露国家机密

我们都知道无人机可用来测绘，而测绘也可能造成泄密。小型多

旋翼飞行器大规模扩张使用，在毫无察觉的情况下，有可能使各种重要国防设施等需要保密的地面情况暴露无遗。无人机在空中能够得到非常丰富的数据，这些数据涉及地理、交通路桥，这些信息都是事关国家安全的数据，不能随便采集。而且无人机也容易造成国家之间的争端与纠纷。虽然依据国际公约的规定，国家基于领空主权对于非法入侵的航空器有权采取措施，对于军用航空器在必要时甚至可以诉诸武力。然而，具体到无人飞行器，领空主权的行使就遭遇到诸多实践困难。

干扰航班飞行

无人机的理论拔高和目视操作一般小于 1km，而一些警用直升机的飞行航线高度有时只有 400m，一些城市管理需要做低空航线飞行，甚至还在这个高度之下。这样两者之间存在空中交汇冲突点，一旦发生意外，后果不堪设想。有人称：无人机危害已经超过风筝、飞鸟，成为机场头号"隐形威胁"。

例如，2014 年 11 月，在美国最繁忙的纽约肯尼迪国际机场，一架无人机 3 次靠近民航客机，最近距离只有"几英尺"，若无人机被民航的发动机吸入，将造成不堪想象的后果。无人机的大量出现一定程度上扰乱了空中飞行状况，尤其是不遵守监管规定、超越规定空域飞行的无人机，给客机飞行安全造成了极大威胁。

窥探个人隐私

人们担心无人机可能会侵犯隐私，这一担忧不无道理。2015 年 11 月，国内某直播平台上，就有一名主播携带无人机进入校园，将无人机在女生宿舍附近升空，直播偷拍宿舍，还将镜头"伸入"宿舍内，屋内场景清晰可见。

这无疑侵犯了他人的隐私，给被拍者带来了巨大的心理压力。有人甚至说，以前要防备有不良居心的望远镜，如今又该如何应对能飞上天的新科技，自己的私生活安全根本得不到保障（如图 6-1 所示）。

图 6-1

炸机和坠落危险

　　微型无人机会出现操作不当或者电子机械传动、无线电信号传输故障，以及飞行前检查不仔细出现的意外事故。它不像遥控汽车或遥控船模，出现故障后可以靠边停泊，遥控飞行器一旦出现空中故障，面临的就是坠毁，在人口密集地区出现此类问题，极有可能导致人伤物损，轻则头破血流，重则可能残疾甚至丧命（如图 6-2 所示）。

图 6-2

　　而且随着无人机在物流方面的应用，亚马逊、京东等许多电商公司都希望利用无人机来运送小件包裹，有观点认为，无人机飞行途中出现的树木、电线等障碍物会影响货物投递的准确度，货物掉落或是无人机没电坠落也可能砸中人的头部，且无人机飞行还受到风力、天气状况的制约和自身承重能力的影响，因此安全性不高。

　　总之，无人机的好处多还是坏处多？我们真的要让无人机进入生活吗？问的对象不同，答案也可能不同。选择人还是机器？决定权在于你自己。

6.2　无人机的未来发展方向

　　10 年后的无人机会怎样呢？那时候的无人机会长成什么样？我们不妨放飞一下想象：无人机会更加智能，甚至会有自己的思想，会思考、做事、导航、规避、寻觅、发现、传送……也会变得更加微型，只有苍蝇大小，还能发送全动态的高清视频。而且最重要的是成本更加低廉……

　　这些想象都不是"做白日梦"，它们正在真真切切地发生着。

6.2.1　高空长航时化

1. 军用无人机

　　目前的军用无人机，特别是执行侦察、监视任务的战术无人机，持续飞行的能力通常在 2~14h 之间。如美国三军通用的"骑士"无人机的续航时间为 4h，"影子 200"无人机为 6h，"猎人"无人机为 8h，以色列的"先锋"无人机为 9h，以色列第三代"搜索者"无人机为 14h。

　　无人机续航时间比较短，就需要无人机频繁地起飞、着陆，而真正用于执行任务的时间并不长，作战效率不高。从现代战争信息化、精确化、全维化的特征需求来看，无人机技术要向长航时发展，而在技术上，也具备了一定的条件。

　　在世界范围内，以色列、美国的无人机技术发展比较有代表性，已经开始着手研究增大无人机的续航能力问题。早在 2002 年，美陆军已开始进行下一代远程无人机的研制工作，新的增程、多用途无人机将具有携带多种载荷连续飞行 10~14h 的能力，飞行范围为200~300km。美国陆军新的战术无人机计划，均要求提高续航能力，增大航程，在陆军旅、师、军的战场空域内，各自保持始终有数架无人机实施连续的侦察与监视，以满足未来信息化作战的要求。

　　美国陆军另一个系列的无人机——"增加航程与任务有效载荷"无人机方案，为满足陆军师、军级的需要，提出能携带 340kg 的负载，在 15 200m 的高度以 370km/h 的速度巡航飞行，机上除装有光电 EO 和红外传感器 IR 外，还将携带攻击性武器。超长时间连续飞行的无人机将在未来 CISR 系统中发挥多种作用，同时也将增强现有系统的功能。

　　也正是基于这方面的考虑，美国大力发展常规无人机，如"全球鹰"无人机，延长其续航能力，同时以"全球鹰"无人机做试验平台，启动核动力无人机的开发工作，使无人机留空时间由以往的几十小时提高到数月，除执行侦察任务外，还装备空对地导弹、空对空导弹，用于对地、对空攻击。

　　美国国防部先进研究项目局 2012 年与波音公司签订了无人机燃料电池动力系统开发合同，按设计要求，以新型燃料电池为动力的无人机将大大延长无人机的空中的连续飞行时间，波音将建成并演示完整的燃料电池动力系统平台。

　　美国国防高级研究计划局与波音公司签订合同，要求波音公司进

行有关无人机空中加油相关技术的先期研究，无人机如果能够在空中加油，那么在理论上就实现了只要有一个批次无人机在空中执行任务，另一个批次无人机在地面维护共两个批次的无人机，就能满足 24h 不间断地侦察、监视的需要。

太阳能无人机综合了现代尖端科学技术，美国太空总署资助研制的太阳能飞机"太阳神"已经开始在夏威夷试飞，在 10h17min 的飞行中达到 22 800m 的目标高度。该飞机由碳纤维合成物制造，整架飞机仅重 590kg，机身长 2.4m，活动机翼全面伸展时达 75m，完全靠太阳能驱动，装有 14 个螺旋桨，动力来源于机翼上的太阳能电池板。在技术成熟后，将投入军事应用。

"太阳神"无人机上的电池将能够使它连续飞行 96h。试验型"太阳神"无人机可以持续飞行 6 个月，只需 1~2 架即可监控某个国家或热点地区。

在中国珠海，正式启动了一项名为"绿色先锋"的中国太阳能无人驾驶飞机探索研制计划，由珠海新概念航空器研究中心设计的世界首创的"复合飞翼"式太阳能无人机已经完成技术验证机试飞。这种飞机可以执行通信中继任务、能到核爆现场采样，以及在预定空域长时间盘旋执行侦察、监视、目标定位和火力校射等任务。

以色列在 2001 年加紧了两种高空久航无人机的研究。一种是可在目标区上空活动达 60h，并能携带远程高速精确制导空对地导弹，可以打击活动目标的无人机；另一种是具有隐形能力的高空、久航无人机，主要用于在以色列领空外实施侦察。

"翔龙"高空长航时无人机

"翔龙"高空长航时无人机是中国新一代高空长航时无人侦察机，"翔龙"高空高速无人侦察机全机长 14.33m，翼展 24.86m，机

高 5.413m，正常起飞重量 6800kg，任务载荷 600kg，机体寿命暂定为 2500Fh。巡航高度为 18 000~20 000m，巡航速度大于 700km/h；作战半径 2000~2500km，续航时间最大 10h，起飞滑跑距离 350m，着陆滑跑距离 500m（如图 6-3 所示）。

图 6-3

　　"翔龙"无人机最大的特色在于它采取了罕见的连翼布局，这在我国飞机设计史上是一个大胆的突破。该机具有前翼、后翼两对机翼，并且前后翼相连形成一个菱形的框架。前翼翼根与前机身相连，向后掠并带翼梢小翼；后翼翼根与垂尾上端相连，向前掠并带下反角；后翼翼尖在前翼翼展 70% 处与前翼呈 90° 连在一起。与常规飞机相比，连翼飞机具有结构结实、抗坠毁能力强、抗颤振能力好、飞行阻力小、航程远等优点。

　　"翔龙"无人侦察机在机体设计上与美国的"全球鹰"高空长航时监视无人机相似，机身尾部背鳍上装有复合材料发动机舱，进气口形状为半椭圆形。机头上部同样是巨大的流线水泡形绝缘罩。任务载荷装

在机头下部。起落架也为可收放的前三点起落架。不过，与美国目前"全球鹰"无人机不同，"翔龙"无人机没有一味追求性能上的高指标，一切以国内的实用条件和用户需求为主，外形尺寸和重量载荷都小于"全球鹰"。

"翔龙"无人机还大量采用复合材料，机翼设计采用菱形布局，机身上曲线连续而光滑，飞机的雷达截面积并不算大，RCS 在 $1m^2$ 左右。总体来说，飞行高度达到 20 000m 的时候，像"萨姆-2"这类射程为 40km 左右的导弹，顶多只能防御阵地外侧不足 15km 左右的半径范围。无人机在这个高度可以使用光学侦察设备在防区外观察，如果有合成孔径雷达还可以距离得更远，系统生存力非常高。

不过，目前"翔龙"高空高速长航时无人机使用的发动机还不是很理想，导致其载荷能力较低且留空时间较短，只有 10h，和"全球鹰"接近 20h 不能相提并论。未来换装先进低油耗并且通过特别优化以适应高空工作的 WS-15 涡轮风扇发动机，"翔龙"的留空时间将有可能提高到 20~24h，有效载荷也将达到 900kg 以上。

2. 民用无人机的续航

目前，民用无人机最大的敌人仍是续航时间。不论是在结构、技术，还是航拍模式等方面无人机都在加快迭代的步伐。但是其依旧有一个关键的问题——续航时间亟待解决。

现在几乎所有民用的无人机均采用锂电池为电源，但小体积锂电驱动的无人机单次飞行最长也不过 0.5h，如果要保证高难度拍摄，时间可能会更短，更不用说什么全景摄像，自动跟随等前沿功能了。

考虑到无人机续航能力需要从"耗电"和"电池容量"两方面考虑，若想减少耗电量，那必然会在功能、配置结构上做出妥协。如果希望无人机能够做更多的事请，功耗一定会增加。

可以说，如果无人机不能在续航方面有所突破，功能也不会出现特别的创新点。

也有不少厂家使用新能源以提升无人机的续航能力。例如有人选择太阳能自动充电装置作为续航的解决方案，但是太阳能技术的充电时间不稳定，譬如警用行业需要紧急出动，如果无人机正好处于充电状态，就无法快速应急。至于石墨烯电池，虽然在网络上闹得沸沸扬扬，概念股也红透半边天，但是实际上噱头意义更大。

有人选择以氢燃料电池作为突破口，但很多都处于试验阶段，国外一些公司虽然研制氢燃料电池无人机，但飞行时间一般为两三个小时，而且尚未量产。不过，前不久国内的科比特公司发布的一架氢燃料电池无人机，其续航里程达 273min，刷新了纪录。这架无人机虽然看起来很大，轴距约 1.8m，但自重很轻，机体重量还不到一大瓶可乐的重量。它的机身材质为碳纤维，采用全碳纤维一体成型工艺，安全载重 5kg，即使单桨发生意外，也可以安全降落（如图 6-4 所示）。

图 6-4

据介绍，这款无人机已经可以量产。氢燃料电池有非常完善的多级保护措施，而且氢气的使用经过多年技术发展已有完善的解决方案。

各大城市均有氢气出售点，购买方便，而且价格低廉。另外，科比特也会给客户提供整套的电解氢的设备和氢气加压设备，只要有水和电就能获取氢。

6.2.2　隐形无人机化

无人机隐形技术，又叫作"隐身技术"，是通过降低无人机的信号特征，使其难以被发现、识别、跟踪和攻击的技术。无人机的信号特征以电磁波、红外特征最为显著。目标的电磁波特征是指物体的金属表面在遇到电磁波的照射时，会将电磁波反射回去。雷达就是根据这一原理制造的现代最重要的侦察探测设备。

无人机主要的反雷达探测即雷达隐形技术有：无人机隐形外形技术，即合理设计无人机的外形，减少其雷达有效反射面积；隐形材料技术，即在制造无人机时使用雷达吸波材料或在无人机表面涂刷雷达吸波涂料，减轻雷达波的反射。目标的红外特征是指高于绝对零度（−273℃）的物体向外发射红外线的特性，通常物体的温度越高，红外辐射就越强。无人机发动机的尾喷管或排气口是红外探测器的主要红外源。

因此，减小无人机的红外信号特征，主要是要减小发动机尾喷管或排气口的红外辐射。主要技术有：改变红外辐射波段，如在燃料中添加特殊的改变红外辐射波长的添加剂，或发动机采用可改变红外辐射的异型喷管等，降低红外辐射强度，调节红外辐射的传输过程等。

在 20 世纪 80 年代前，有的无人机就采取了隐形技术，美国的"苍鹰"无人机，于 20 世纪 70 年代中期开始研制，其主要隐形措施为：无尾式翼身融合体构型；机体用复合材料制造；活塞式发动机的废气向上排出，木质推进式螺旋桨的周围有环形罩。加拿大的"哨兵"无人机，于 20 世纪 70 年代中期开始研制，20 世纪 80 年代后期研制成功。该机的隐身特征是：外形像"花生"，表面光滑，曲率变化平缓，机体用复合材料和雷达吸波材料制造；上机身内装涡轮轴发动机，中机身

上装两个旋翼，其旋转时的下旋气流可将发动机的废气冲淡，是全面隐形或隐形程度高的无人机。隐形技术是世界各国十分重视的尖端科学技术，以美国为首的一些先进国家竞相发展这种技术，并把它应用于军事领域。

20世纪80年代以来，各种隐形技术的发展取得了突破性的进步。加上局部战争对武器装备隐形的迫切要求，使武器装备的隐形化成为武器装备发展的重要趋势。

20世纪80年代后，无人机运用了比较成熟的隐形技术，如美国的"暗星"无人机，是世界上第一种隐形无人侦察机，该机外形设计独特，采用了无尾式翼身融合体设计，机翼的平面形状基本为矩形，前缘后掠角4.5°，后缘后掠角只有0.5°，面积很大，翼展为21m。机身与机翼平滑连接，机身前后扁平，中间隆起，内装发动机。机头上方的圆洞为发动机进气口，尾喷位于后机身下部。这种奇特的外形设计，减少了飞机的雷达反射截面积。为了提高"暗星"的隐身性能，除了在外形上采取措施外，还采用了大量的先进材料和制造工艺，如"暗星"的全复合材料、全胶接的大展弦比机翼；机身下部涂有黑色涂料也是从隐形角度考虑的。上部涂成白色是为了增加对阳光的反射，减少吸热，少吸热。无人驾驶飞机在局部战争中，尤其是在科索沃战争中发挥了巨大作用，但由于自身隐形技术存在着一定的不足，其在作战中暴露出来的很高的被击毁率，是一个严重的缺陷。无人机采用隐形技术提高生存能力，是无人机作战平台发展的重要方向。

据英国媒体报道：1992年美国波音公司秘密研制的"猎鸟"无人机，该机彻底采用一种全新的隐形技术，它具有极低的雷达反射截面、全新的隐形外观、优秀的隐形特性，达到了白天隐形的目标。

1998年年底，美国海军在签订研制无人驾驶飞机的第一份合同时，海军航空系统司令部就强调了无人驾驶飞机的隐身性能。美国空军2025无人机方案，采取全新隐身设计。

  2000 年，法国达索航空公司对一种被称作 AVE 的隐形无人机模型进行飞行试验，公司负责人说该型无人机的雷达截面面积证实了早期计算机模拟的结果，与制定的严格的工程设计完全一致。以色列在研制和使用无人驾驶飞机方面积累了十分丰富的经验，也正在研制一种高空、长航时隐形无人战斗机。

6.2.3　空中预警化

  空中预警 （Airborne warning）指的是一种利用飞机和以监视雷达为主的机载电子设备探测目标和执行指挥使命的系统。

  这种系统用于防空和战术指挥，能与地面系统配合或独立完成战略和战术的预警、指挥和控制任务，还可担负交通管制和空中监视等非军事使命。空中预警系统能在数百千米的范围内监视上、下和周围的情况，凭借飞机的高度和速度而免受敌方攻击。它由空中监视雷达与自动计算、数据处理和通信设备构成防御中心，并能随时转移到局势需要的空域，提供有效的空中监视、指挥和控制防空武器等防御或攻击任务。空中预警和控制系统于 20 世纪 60 年代开始研制，20 世纪 70 年代投入使用。它由作为载体的飞行器、天线罩和电子系统三大部分组成。

  早在 20 世纪 60 年代，就已经有了专门的空中预警机（Air Early Warning，AEW）。它能够克服雷达受到地球曲度限制的低高度目标搜索距离，同时减轻地形的干扰，将整套雷达系统放置在飞机上，自主在空中搜索各类空中、海上或者陆上目标。空中预警机是集侦察、通信、指挥、控制于一体的作战飞机。目前，预警机的作用已经从单纯的远程预警扩展到空中指挥引导等功能。现代高技术战争中，没有预警机的有效指挥和引导，要想组织大规模的空战几乎是不可能的。今后的信息化战争，正进一步提升着预警机的作用。

6.2.4　空中格斗化

随着军事技术的不断发展，尤其是通过近几年的局部战争，人们越来越清楚地看到，现代战争的作战形式和作战环境已经发生了根本性变化。电子战、信息战和无人化作战，是如今军事战争的重要标志。

无人机群作战、无人机远程作战、无人机自主作战、无人机智能作战等，这些将是未来战争中的主要组成部分。

可以想象，未来战争中无人机空中格斗就像过去有人机在空中作战一样激烈。那么，如何更好地运用无人机空中的作战技巧、更多地了解无人机空中作战规则、准确地对空中无人机作战效能进行评估，就显得尤为重要。

不过，目前无人机空中格斗仍属于无人机领域的尖端科技。美国的"幻影眼"无人机，实现了空中格斗技术。"幻影眼"间谍无人机以氢为动力，排放的废物只有水，堪称"绿色标兵"。据悉，"幻影眼"的动力系统由两个四缸引擎组成，每个引擎能提供 150 马力的动力。飞机翼展为 45.72m，时速大约在 278km/h，承重量高达 410kg，这款无人机可在空中飞行 4 天，并在 19 800m 高空实施监视和侦察任务（如图 6-5 所示）。

图 6-5

6.2.5　智能化

无人机智能化是指在无人机上安装 GPS 定位系统和预先存储行动方案的程序，使其实现自动控制和自主完成预定任务。

以色列生产的"哈比"反辐射无人机，装备有超尖端的计算机，能够实时做出"决策"，可连续飞行 7h。德国的"帕德"PAD 反坦克无人机、美国与德国合作的"勇敢"210"大黄蜂"反辐射无人机已经具有了自动搜索目标、主动捕捉和攻击的功能。

无人机智能化是无人机发展的重要趋势之一，不论是无人侦察机、战斗机、攻击机、轰炸机，还是民用无人机，都是无人机智能化的一个方向或侧面的应用。

美国在无人机智能化发展上，走在了世界的前列。截止至 2018年 6 月，美军各类无人机数量已达到 1.13 万架以上，各种地面机器人增长到约 1.5 万个。其中，无人机除承担大部分侦察、情报、监视等作战保障任务外，还担负约 1/3 的空中打击任务。此外，2015 年美国的 X-47B 验证机已完成在航空母舰上起降、自主空中加油等关键项目测试，已具备发展成为执行侦察打击任务的无人作战飞机的必要条件，能在高威胁环境下执行任务。美国防部又决定预生产采用可选有人 / 无人设计的 B-21 远程打击轰炸机，以替代 B-52 和 B-1 轰炸机。智能化武器已经从作战力量的补充发展成不可或缺的重要力量，并开始向战场主力挺进，一个"机器战争纪元"正在到来。

美国海军陆战队也正在研究可在危险环境中行动的、不需要操作手干预的地面视据人和智能型无人机 OAV。智能型无人机 OAV 可用于指挥、控制、发射防空导弹，其外形像一个圆筒状风扇装置，全重36.3kg，飞行速度为 55km/h，也可悬停在空中，装备有摄像机。工作时由操作手通过头盔上的传输线与飞行器保持联系，只要转动头部即可控制摄像机的转动进行战场观察。利用这种无人机可使前线指挥官观

察到 2~3km 距离的目标。

在智能化无人战斗机的研究上，美国也取得了重要进展。2001 年，麻省理工大学制造出了一架无人直升机模型，依靠一套用极其复杂的由飞行移动参数代码构成的特技飞行软件，可以自动做各种特技飞行。软件完全是根据飞机驾驶员的丰富经验编写的，在战场上，当无人机在敌方的领空被导弹锁定时，新型程序可以让智能无人机做出高难度动作，从而摆脱导弹的攻击。换句话说，这种无人机可以与有人驾驶的战斗机，进行空中格斗。

6.2.6　高速化

应用于战场的无人机飞行速度通常不超过 750km/h。如新一代的无人机"捕食者"约为 500km/h，"全球鹰"无人机为 480km/h，传统的无人机如法国的"红隼"为 240km/h，英国的"不死鸟"为 157km/h，以色列的"搜索者"为 194km/h。

无人机低飞行速度，导致无人机在战场上的生存受到很大的威胁，在科索沃战争中，就有多架元人机被南联盟的防空部队击落。根据统计，自从 1995 年，美空军"捕食者"无人机已经有 5 架在军事行动中被击落。所以，开发高速度的无人机，增大其机动性、提高其战场生存能力，势在必行。

从设计角度看，提高无人机的速度不存在大问题。如意大利的"米拉奇-300"无人机达到了 0.9 马赫，美国的 BQM-34D 靶机就达到了 1.8 马赫的速度。这一飞行速度完全可以有效逃脱敌方防空雷达的追踪。

美国先进无人机材料、结构和航空委员会确定了美国未来重点研究的三类无人机，即高空长航时无人机、高速机动的无人机和非常低成本的无人机。该委员会认为，这三类无人机未来能替代有人飞机并能执行特殊作战任务，同时可支持空军在设计、生产和研制下一代无人机能

力方面的技术需求。

因此，高速机动的战斗无人机将成为未来发展的主流。美国空军设想在未来空战中，无人战斗机配合 F-22 歼击机的战斗行动。F-22 的飞行员可以同时操纵几十千米以外的载有空对空导弹的 3 架无人机。F-22 的速度为 1~1.3 马赫，那么无人机的速度应该与其相当。

以色列研制的世界首架超音速遥控无人驾驶飞机在 1999 年就进入了试飞阶段，飞行速度是原来无人机的 3 倍以上，达到 1.8 马赫。高速度高机动性能无人机的研制成功，为无人机作为多任务作战平台进入战场，提供了物质基础。

6.3　无人机赛事

随着无人机市场的持续火热，与无人机有关的体育竞赛也如雨后春笋般冒了出来。无人机竞赛备受发烧友们喜爱，他们会花大量的时间和金钱改制他们的无人机，或添加新零件，或重新组装。

然而，目前的无人机赛事仍有游击性质，并没有一个统一的标准。世界各地争办无人机竞赛，而且组织混乱。此外，多个无人机联赛为博关注而激烈竞争。接下来，我们主要介绍一些比较正规的无人机竞赛。

6.3.1　全美无人机竞速锦标赛

2015 年 9 月，全美首届无人机竞赛（US National Drone Racing Championships）在美国纽约世界制造者博览会拉开帷幕，竞赛吸引了无数参赛者和观众，同时也象征着一项 21 世纪的新运动——无人机竞赛的诞生（如图 6-6 所示）。

图 6-6

　　无人机飞行员们携自行改装加固的无人机，聚集在了纽约"世界创客大会"空中体育联盟（ASL）无人机竞赛现场。 一架无人机不比一个 iPad 大，却能以 80 迈的时速飞行前行。赛事包括：第一视角无人机竞赛、无人机互搏及固定翼追逐赛。

　　无人机比赛场地一分为二，一边是无人机竞赛场地，另一边则是无人机互博场地，中间由一条帐篷带作为分隔，帐篷内摆放着修整无人机所需的各种零部件、电缆和电烙铁。在无人机落败后，每个"飞行员"有 90s 的时间对无人机进行修补。

　　竞赛场地跑道边竖满了红蓝色彩旗，以激励"飞行员"们做出精彩表现。而"飞行员"则站在安全网外，带着黑色第一人称视角（FPV）护目镜（即虚拟现实头套）操纵无人机。竞赛时，安装在无人机上的摄像头会将实时视频传送至护目镜上，飞行员也会以无人机视角进行操作调整，这是非常刺激的体验。

　　那么，无人机竞赛能算作一项运动吗？若算是，则无人机"飞行员"

和职业电子游戏玩家、运动汽车协会职业赛车手、特技飞行员一样，还尚处在灰色地带。因为比起考验肢体的能力和速度，无人机竞赛更考验快速反应力和战略性思维。但ASL也指出了重要一点，与电子游戏不同，无人机比赛是在室外场地进行的实实在在的竞赛。

无人机竞赛的好处不言自明：它的门槛不高。它不要求参赛者是运动员，但只要走进赛场就可以得到锻炼；孩子们喜欢无人机，当无人机飞起来的时候，就感觉自己像超级英雄；家长们对此感到欣喜，因为这项运动即能让孩子们放下游戏机，又增强了孩子的动手能力；无人机"飞行员"们也常以热切地口吻来描述无人机给他们带去的快乐。

然而无人机运动的局限也同样明显，首先，无人机这项运动还存在许多不足。无人机运动还年轻，未形成固定规则；其次，无人机竞赛难度高，撞击损坏很常见，需不断训练，它要求高速的反应，以及一些对物理的理解天分；再者，改装也是问题，参赛的无人机都是经过改装的，最顶尖的"飞行员"通常热爱改装，对改装技术和工件都非常熟悉。

2016年第二届全美无人机竞速锦标赛于同年8月5日至8月7日在纽约总督岛举行。这次比赛吸引了运动相机制造商GoPro、企业数据储存巨头EMC、国际性跨国保险及金融服务机构集团AIG和Ernst&Young（安永会计师事务所）的赞助。获得合作伙伴的支持，对于无人机运动协会和无人机竞技运动来说，是向前迈进的关键一步。

第二届全美无人机竞速锦标赛最为显著的特色是：将获得ESPN的全程直播。ESPN（Entertainment and Sports Programming Network，即娱乐与体育节目电视网）是一个24h专门播放体育节目的美国有线电视联播网，在体育直播界赫赫有名。

6.3.2 世界无人机大奖赛

2016年3月，阿联酋吸引了世界各地的无人机爱好者，其举行了

国际性的无人机大赛。

据报道,32名"飞行员"将会参加首届"世界无人机大奖赛"(World Drone Prix)。他们将拿着遥控器指挥其无人机在迪拜半英里长的跑道上比赛。迪拜是阿联酋最大的城市,也是全世界最高楼的所在地。在初赛中胜出的四名"飞行员"将会继续一决高下,争夺100万美元的奖金(如图6-7所示)。

图 6-7

阿联酋并不是唯一致力于将无人机比赛推广为专业体育比赛的国家。2016年初,英国伦敦无人机竞赛联盟(Drone Racing League)推出了它雄心勃勃的计划:它准备在美国迈阿密举行一场盛大的无人机比赛,它希望把该赛事打造成世界一级方程式锦标赛。与此同时,美国全国无人机锦标赛(US National Drone Racing Championships)现在已进入第二个年头了。

这次大奖赛最终由英国15岁少年班尼斯特带领的43人团队 Tornado X-BladesBanni UK 夺冠,赢得了25万美元巨额奖金。这

次比赛不单考验无人机的飞行速度，同时也考验操作员的灵敏度及决断力，完成 12 圈的飞行，规格媲美一级方程式赛车。

6.3.3　中航工业杯——国际无人飞行器创新大奖赛

由中国科学技术协会、中国宋庆龄基金会、共青团中央共同指导，中国航空工业集团公司、中国航空学会联合主办，中航文化股份有限公司和中国航空博物馆承办的"中航工业杯——国际无人飞行器创新大奖赛"是我国的一项无人机赛事。

这次大奖赛是国内首次举办的无人机飞行盛会，也是一次面向社会、面向国际、以无人飞行器为主题的大型综合性航空科普活动。不过，这并不是纯粹的无人机比赛，是融展览、赛事、表演活动"三位一体"的大型航空盛会。

"中航工业杯——国际无人飞行器创新大奖赛"以后将每两年举行一次，努力打造成为一个高水平、高层次的国际知名赛事。推进航空科技创新，普及航空科技知识，提高国民航空意识，营造航空文化氛围，培养航空创新人才，促进中国航空工业发展。

另类的无人机格斗赛

一般来说，无人机都贵得要死。好不容易买一架大疆创新的 Phantom，玩过没几次就小心翼翼地供起来再没敢拿出来过。嗯，毕竟这么精密、精巧、精致的小东西，是需要好好保养的。那怎么会有人喜欢把它们撞来撞去呢？

2016 年初诞生于 Kickstarter 的 ASL（空中运动联盟）正致力于推广这样一项"虐待"无人机的空中格斗运动。就像电影或者美剧里地下格斗比赛的场景一样，两位选手被关在铁丝网笼里，双方都不择手段试图干掉对手，缠斗到最后仍然站着的一方获胜。只不过在 ASL 的比赛中，比赛选手换成了无人机，铁网笼换成了织网，但搏斗、撞击的激烈程度却丝毫不逊色。

　　当然，大疆 Phantom 并不适合被丢到赛场上"挨揍"。ASL 在 Kickstarter 众筹中提供了一套名叫"无人机游戏"的机身，据称机身几乎"坚不可摧"，这套用军事级聚合物材料制成的机身能够防撞、防火，甚至防弹。在猛烈撞击时，这种格斗无人机最多折断几片旋翼，机身几乎不会有任何损伤。

　　比赛时，无人机会在一张 30 英尺（9.144m）见方、25 英尺（7.62m）高的防护网笼中相互搏斗，飞手在灵活操纵无人机撞向对手的同时，也必须不断移动脚步，躲避可能撞向自己的飞机，如图 6-8 所示，被如此坚固的无人机撞上一下可不是闹着玩的，毕竟机身可是防弹的……

图 6-8

　　比赛规则十分简单，两台无人机同场竞技，不设回合。比赛开始时，每台无人机有 3 分基本分，每次无人机掉到地上或者缠在网上无法动弹时，便扣掉 1 分。如果在一次撞击之后双方都掉落在地，则都不扣分。首先扣光 3 分的一方会输掉比赛。

　　当自己的无人机被击落在地的时候，飞手就要立刻变身维修师，工装裤口袋里塞着替换用旋翼、钳子和收束带。他们只有90s的时间整修机体，让自己的无人机回到天空继续战斗。"无人机游戏"机身有可快速打开的上盖，使用收束带固定，方便飞手快速开启、维修和组装。

　　无人机竞速比赛如今已渐成气候，如FPV第一人称无人机竞速比赛在国外已经非常流行。相比之下，无人机格斗比赛的竞争性更加激烈，给飞手和观众带来的感官刺激也更加强烈。